然而，本書並非以鋼筋混凝土結構為主書寫，亦非以材料和施工為主書寫，也不是以計畫為主，而是介紹鋼筋混凝土造建物的建造、構造方式，以及設計和施工時必須理解的最低限度知識。書中將這些非常基本的知識，某種程度分門別類，再彙集成冊。書寫內容主要是針對鋼筋混凝土造二、三樓的住宅、集合住宅、辦公室和店鋪等建物。

主題的排列順序，首先從建物整體樣貌的話題開始；目的在於先了解建物整體的構造，以及有概略的認識。這部分參考設計製圖授課時學生提出的許多問題，那些內容太簡略而未編入結構課程中。接著，學習作為材料的RC、混凝土和鋼筋的性質。然後循序漸進，學習軀體、地盤、基礎、鋼筋、澆置、防水、門窗、修飾、內裝的基本事項。總結來說，本書的內容是依整體樣貌→結體體→各工程細節，循序編排。若循序漸進閱讀，就能學習到RC造的整體樣貌、結構體的構造，以及各種工程的基本知識。

想學習建築的基本知識，但在大學或專科學校中因為課程過度細分而愈唸愈不懂的人，或者想了解建築實用學問的人，希望本書提供的輕鬆學習方式，有助於學生或初學者的學習！

最後，企畫階段全面關照的彰國社中神和彥先生，以及處理繁雜編輯作業的尾關惠小姐，在此致上筆者最誠摯的謝意。

2008年5月

原口秀昭

Q 衔接桌子（框架結構）桌腳跟的橫條是必要的嗎？

▼

A 是必要的。

一般來說，桌子的桌腳跟之間不會裝橫條，但建物的柱腳（pedestal）之間則會裝橫條。這個橫條屬於梁的一種，形成最下方的基礎（foundation），所以稱為**基礎梁**（footing beam）。

基礎梁是避免柱搖晃，讓柱的相互位置牢牢固定的必要裝置。如果形成劈腿狀，建物會損毀。建物與桌子不同，龐大沉重，所以必須裝上基礎梁來支撐。在梁當中，基礎梁的斷面是最大的。

此外，最下層的樓層還有樓板，也是一種支撐，算是基礎梁。

初學者很容易忽略基礎梁，必須特別注意。

Q 重疊桌子（框架結構）時需要對齊桌腳（柱）的位置嗎？

A 一般來說，應該對齊。

柱是垂直傳遞重量，所以通常需要上下對齊。如果上下的柱的位置沒有對齊，無法適當傳遞重量，就會增加彎曲梁的力量。

運用巨大特殊的梁，柱的位置或許可以不對齊，但一般不會採取這種作法。在框架結構中，通常一樓的柱與二樓、三樓的柱的位置對齊一致。

Q 框架結構能做出曲線地板、圓形或橢圓形地板、三角形地板嗎？

A 可以。

如同桌子可以做成曲線狀、圓形或橢圓形、三角形，建物也是可行的。

雖然梁可以做成曲線狀，但會增加成本，過於彎曲還容易造成不平穩安定的缺點。若三角形銳角過大，也可能反而不易與柱接合。

Q 大廳等大空間為什麼要設置在大樓頂樓？

▼

A 建造大空間時，房間中間無法設柱。若在下層樓層設置大空間，只剩梁承受上層樓層的柱的重量。如果把大空間上移至頂樓，梁就不需承受沉重的重量。因此，大空間通常設在頂樓。

頂樓的梁只承受屋頂的重量，所以即使架設大跨距（long span，長距離跨距）的梁，梁也不會承重太多。然而，在底樓架設大跨距的梁時，上層樓層的柱的重量全部加在梁上。梁必須承受柱的所有重量，這種結構在框架結構中是相當不合理的；不是無法做到，而是要使用巨大的梁。

基於結構合理性，大空間設置在頂樓最理想。然而，這種安排不適合人的行動模式。所謂大空間，就是劇場、電影院、公共會館等短時間內湧入大量人潮的空間。為了方便人潮上樓，必須設置多台電梯。此外，發生災害要往下面樓層避難時，也要有足夠的樓梯。

設置在頂樓是合理的結構，卻不利動線計畫。不過，高樓層的市中心大樓，將大廳設置在頂樓的情況所在多有。

大空間設計在一樓，上層並列小跨距的柱，如同「神樂舞台」〔譯註：神樂為日本祭神的音樂舞蹈〕，就像在平房上方加蓋二樓，所以這種結構又稱「神樂型框架」（kagura-type rahmen）。此外，因為用梁支撐柱，也稱為「支撐梁型框架」（support beam-type rahmen）。

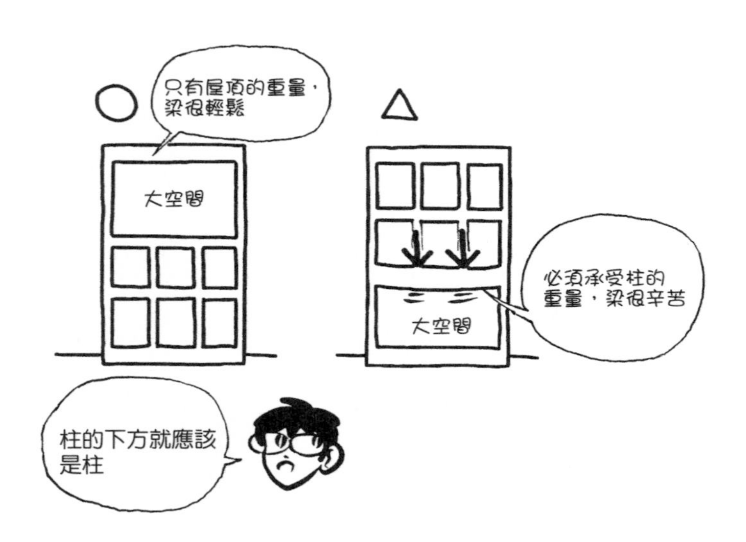

Q 能夠以瓦楞紙箱來比喻的結構法是什麼？

▼

A 承重牆結構（bearing wall structure）。

在瓦楞紙箱上做出開口，做成門窗。如果開口做得太大，紙箱會損毀。開口上下左右不留點瓦楞紙邊，就無法發揮紙箱的支撐力。

開口左右兩邊的瓦楞紙相當於牆，開口上方的瓦楞紙是牆梁（wall beam），水平部分的瓦楞紙等於樓板。

瓦楞紙箱（承重牆結構）無法像桌子（框架結構）那麼洞開。若是窗過大，沒了牆，紙箱容易損毀。

簡單歸納兩大結構法如下：

桌子　　→框架結構
瓦楞紙箱→承重牆結構

Q 1. 桌子（框架結構）支撐重量的地方是哪裡？
2. 瓦楞紙箱（承重牆結構）支撐重量的地方是哪裡？

▼

A 1. 桌腳（柱）。
2. 牆。

桌子（框架結構）是組合棒形成結構體的方法，瓦楞紙箱（承重牆結構）是組合面而形成結構體。不同之處在於棒和面。

桌子（框架結構）　　　→以棒支撐的結構
瓦楞紙箱（承重牆結構）→以面支撐的結構

Q 重疊瓦楞紙箱（承重牆結構）時需要對齊上下的牆的位置嗎？

▼

A 應該對齊。

瓦楞紙箱（承重牆結構）中，牆是垂直傳遞重量。如果上下沒有對齊，無法適當傳遞重量，下方的紙箱就會損毀。

通常一樓、二樓、三樓的牆的位置是對齊一致的。但即使牆對齊一致，如果下方牆上有窗等開口，而開口上方沒有附加作為梁的小型牆（牆梁），就無法支撐上方的牆。

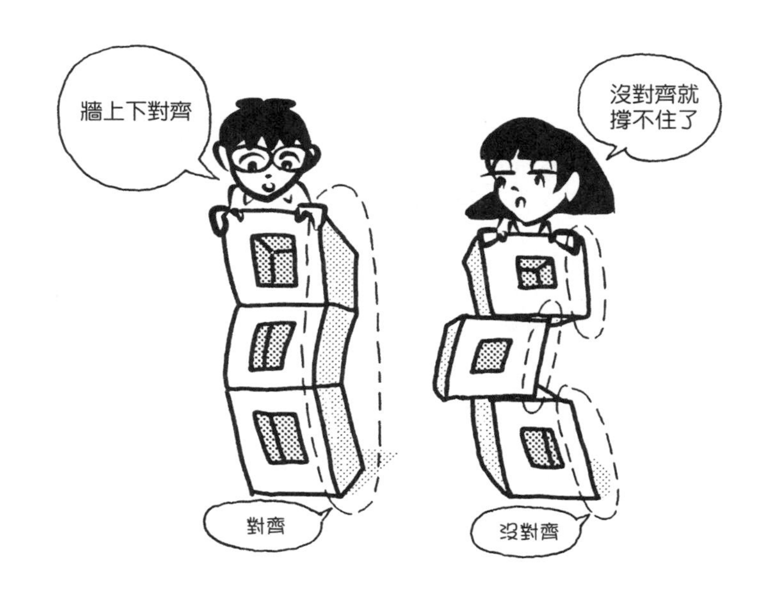

Q 1. 如何簡單表述框架結構？
2. 如何簡單表述承重牆結構？

▼

A 1. 框架結構是以棒支撐，如同桌子的結構。
2. 承重牆結構是以面支撐，如同瓦楞紙箱的結構。

這是非常重要的觀念，所以再次歸納整理。請參照下方的插圖，記住框架結構與承重牆結構的差異。

框架結構以棒支撐，承重牆結構以面支撐。

框架結構的棒，可作為柱或梁。如果棒相互之間無法呈直角，桌子會損毀。承重牆結構的面，可作為牆、牆梁或地板。開口過大，紙箱容易損毀。

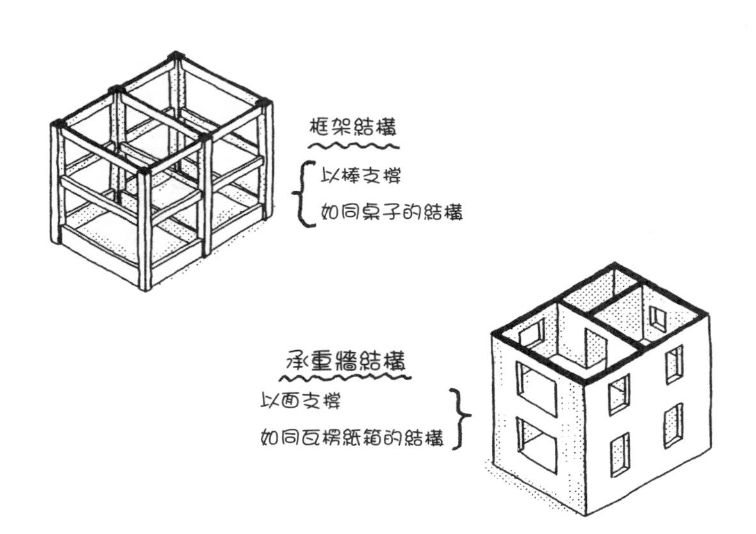

Q 1.框架結構（桌子）有哪些建材構造呢？
2.承重牆結構（瓦楞紙箱）有哪些建材構造呢？

▼

A 1.有鋼筋混凝土造（RC造，reinforced concrete construction）、鋼骨造（S造，steel construction）、鋼骨鋼筋混凝土造（SRC造，steel reinforced concrete construction）、大斷面的木造（W造，wooden construction）。
2.有鋼筋混凝土造（RC造）、加強混凝土磚造（CB造，concrete block construction）、木造（W造）、輕鋼構（LGS造，light-gauge steel-framing）。

各種結構的說明，請見後面章節。框架結構和承重牆結構是表示支撐方法的結構方式，鋼筋混凝土造等則是表示結構所使用的材料，請清楚區別。

最近的木造建築使用較細的柱，柱與梁的銜接部分不牢固，不足以維持直角狀態，所以把牆固定來維持直角。這種方法和傳統工法（traditional construction method）、2×4工法〔譯註：北美地區盛行的木造工法，因使用的木材尺寸多為2英寸×4英寸而得名，1960年代末傳入日本〕都是以牆為主體的結構，可視為近似承重牆結構。另一方面，若是傳統寺廟建築中常見的大型柱，與梁的組合部分能夠維持直角，則是近似框架結構的結構法。由此可見，木造是遊走於兩者之間的結構法。

即使同為鋼骨造，預製構件公寓（prefabricated apartment）和預製構件住宅（prefabricated house）所使用的鋼骨，通常比較細弱。為了與大型鋼構區別，這種鋼構稱為輕鋼構。輕鋼構和木造一樣，把牆固定以維持直角。

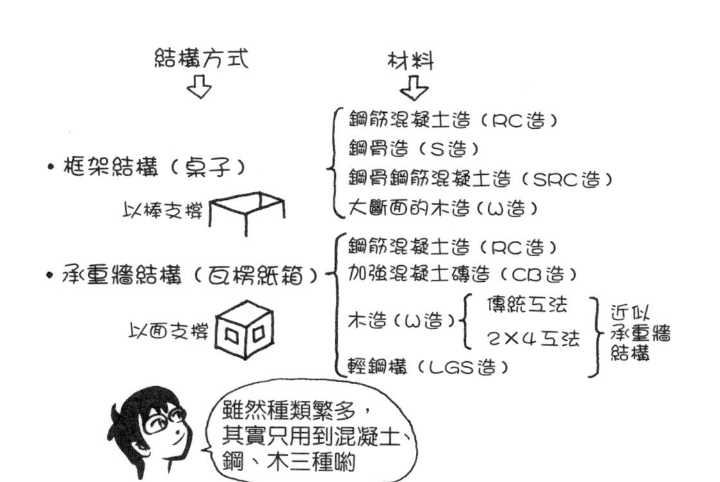

Q 框架結構的房間配置自由度高還是低？

▼

A 高。

框架結構（桌子）的垂直部分只有柱。因此，只有柱會妨礙房間配置，其他則能自由安排房間布局。換言之，不能更動的只有柱，牆可以自由更動。

若是分戶共管式（condominium）〔編註：拉丁文con（共同）及dominium（所有權）的組合字，各戶個別擁有獨立產權，共用部分由專門單位統一處理，即「區分所有權」的大廈〕家庭式大廈，一般以四根柱支撐一住宅單位（dwelling unit），只有與四周的分界（boundary）是鋼筋混凝土造。住宅單位內部用木造或輕鋼構等的輕質牆（lightweight wall）來隔間。即使家庭成員變動，只需破壞拆除輕質牆，就能變換房間布局。

框架結構　→房間配置的自由度高
承重牆結構→房間配置的自由度低

Q 承重牆結構的房間配置自由度高還是低？

▼

A 低。

承重牆結構是以牆支撐的結構。

例如下圖，以石頭堆砌而成的牆，牆與牆之間架設圓木搭建二樓的地板。這是承重牆結構的一種。採用這種結構法，在一樓和二樓，石牆是無法移位的。

石牆的間隔5～6m大小。因此，石牆與石牆之間，大約只能再搭建一面木牆，石牆是無法移位的。即使是鋼筋混凝土造的承重牆結構，一個箱型空間也只能規畫約兩間房間。鋼筋混凝土牆無法移動。

這類承重牆結構降低房間配置的自由度。

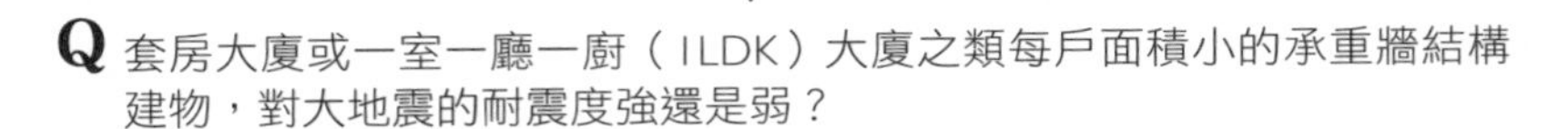

Q 套房大廈或一室一廳一廚（1LDK）大廈之類每戶面積小的承重牆結構建物，對大地震的耐震度強還是弱？

▼

A 強。

承重牆結構的建物，是組合鋼筋混凝土箱子，形成建物整體。每一個混凝土箱愈小，表示整體的牆數量愈多；此外，牆上下相連，成為耐震度強的建物。

大廈通常各戶分別圍有混凝土牆，所以牆的數量比一般建物多。承重牆結構中的牆具有支撐重量的作用，因此上下相連。縱橫相連牆多的承重牆結構套房大廈（one room mansion），是耐震度很強的建物。

Q 框架結構中一樓只有柱（底層架空〔pilotis〕）的大樓遇到大地震時會如何？

A 力集中在一樓的底層架空部分，有時建物會損毀。

上層樓層的牆多又堅實，一樓只有柱而顯柔軟，所以力都集中在一樓。最糟的情況是，一樓的柱無法支撐而崩塌。一樓也配設部分的牆，或者仔細考量柱的話，就沒有問題。

阪神淡路大地震時，許多實例報告顯示因為底層架空部分損毀而造成崩塌。木造也一樣，若一樓為店舖或外廊等牆少的結構，力集中在一樓，便容易損毀。

框架結構是以柱和梁支撐的結構，為了對抗橫向施加於結構上的力，有時會增設**剪力牆**（shear wall ，亦稱耐震壁）補強。整體結構都是柔軟的沒有問題，只有部分是柔軟的，力會集中在那個部分。因此，必須考量增設牆，或把柱建得更穩固等。

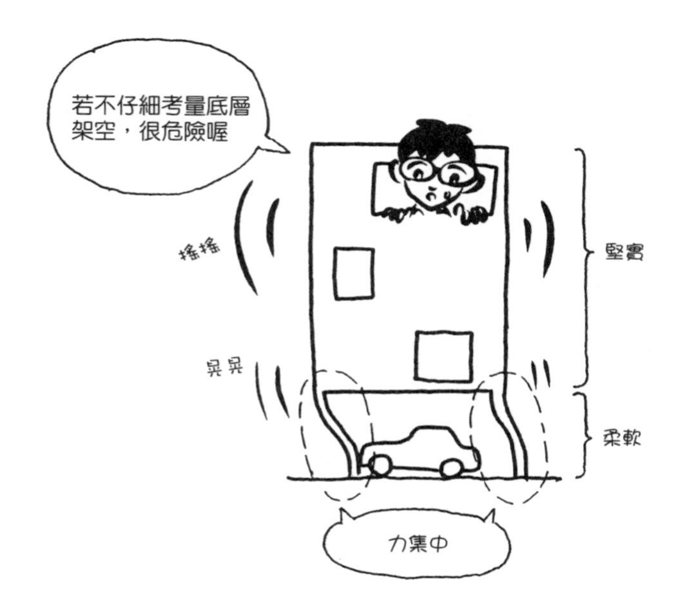

Q 底層架空的設計效果是什麼？

▼

A 以柱撐起建物，能夠展現輕盈感；此外，一樓向外部開放，也可作為入口前方的半室外空間或停車場等。

以底層架空聞名的，莫過於柯比意（Le Corbusier）。1926年，他提出近代建築五原則：

① 不用傳統的承重牆結構，採用框架結構（柯比意名為多米諾〔Domino〕）的「自由平面」（free plan）

② 不受重量束縛的牆形成的「自由立面」（free façade）

③ 非承重牆結構的縱向長窗，而是來自框架結構的明亮「橫向長窗」（horizontal window）

④ 以柱撐起一樓，將地面對外開放的「底層架空」（pilotis）

⑤ 地面向公共空間開放，將至今未獲使用的屋頂打造成個人式庭院的「屋頂花園」（roof garden）

建於巴黎郊外的薩伏瓦別墅（Villa Savoye，1929年），實際運用了所有上述五原則。客廳、主臥室等主要房間向上配置到二樓，圍有中庭式露台。此外，屋頂還有日光浴室等空間。屋頂作為花園，地面就像向公共空間開放般，底層架空。

實際上，底層是四周有圍牆的庭院，並未向公共空間開放；但透過入口前方的空間，在設計上成功營造建物輕快的印象。

公共性的高樓建物現多採用底層架空。此外，大廈等的一樓底層架空作為停車場，廣泛用於各種實用面向。

Q 懸臂梁是什麼？

▼

A 只有一端固定的梁。

如同樹枝般，僅以一端的柱支撐，向外伸出的梁，就是懸臂梁（cantilever beam）。

在桌子中，超出柱與柱連線以外的部分，等於是懸臂梁。桌板輕，所以只有桌板突出也沒問題；但建物沉重，必須靠梁支撐。這種梁就稱為懸臂梁。此外，這種突出的結構整體也可稱為懸臂（cantilever）。

懸臂具動態造形，許多建築師偏好採用這種方式。混凝土框架結構中，能夠突出3～5m。如果是特殊的梁，突出的部分可以更深遠。

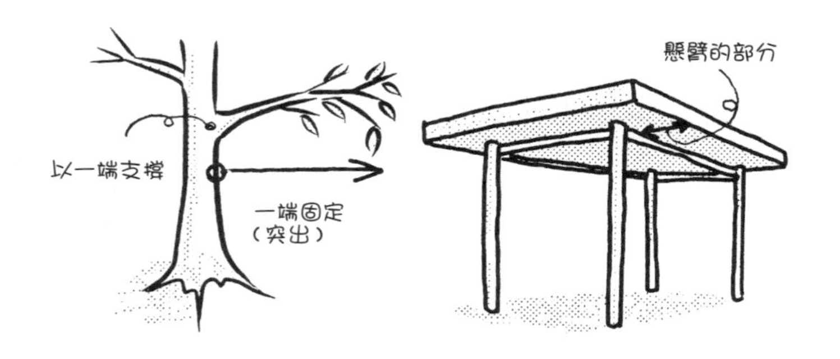

Q 懸臂的設計效果是什麼？

▼

A 因為呈現出反重力的突出感，產生動態的動感視覺效果。在設計上，懸臂還能表現出其他各式各樣不同的效果。

萊特（Frank Lloyd Wright）的傑作落水山莊（Fallingwater，1939年），客廳部分突出於瀑布之上（懸臂），以突出外廊的拱肩牆（spandrel wall）和屋簷來強調水平線條。山側是混凝土上鋪塊石（stone pitching），谷側則是外廊和屋簷突出來顯現輕盈感，讓山側與谷側形成對比。

萊特的結構多半不會明顯呈現框架結構或承重牆結構。為了建造自己追求的空間和形體（form），他會因應情況選擇不同結構混合使用。這也是一種思考結構的方式。羅比之家（Robie House，1909年）的牆是混凝土，屋頂為木造，出簷裝入鋼骨。

現在落水山莊的瀑布上方懸臂部分，因重量而向谷側傾斜，正在施作防止傾斜的工程。這棟建物是造訪美國最值得參觀的建物之一（位於匹茲堡近郊，開放參觀）。

Q 懸吊結構用在哪種結構物上？

▼

A 經常用於以吊橋為代表的土木結構物。

丹下健三設計的日本國立代代木競技場（1964年）是著名的懸吊結構（suspension structure）建築。支撐大型屋簷通常會部分使用懸吊結構。

除了懸吊結構，結構法中還有折板結構（folded plate structure）、殼體結構（shell structure）、膜結構（membrane structure）等特殊結構分類。一般建物幾乎都是以框架結構或承重牆結構建造。

大部分建物→框架結構、承重牆結構
特殊建物　→懸吊結構、折板結構、殼體結構、膜結構等

Q 折板結構用在哪種結構物上？

▼

A 用於建造音樂廳和體育館等大型空間。

雷蒙（Antonin Raymond）設計的日本群馬音樂中心（1961 年）是著名的折板結構建築。

折板結構就像將又輕又薄的紙彎折成鋸齒狀，藉以增加強度，基本上就是利用彎折板子來增加強度的結構法。

預製構件小屋、預製構件公寓、停車場屋頂、倉庫屋頂等的折板屋頂，是廣泛使用的廉價屋頂材，彎折薄鐵板來增加強度，雖然只是部分使用，仍可稱為折板結構。

Q 殼體結構用在哪種結構物上？

▼

A 用於建造體育館、會堂和航站大廈等大型空間。

沙利南（Eero Saarinen）設計的紐約甘迺迪機場TWA航站大廈（1962年）是著名的殼體結構建築。若建物整體都使用殼體結構，牆便非垂直，所以只適用於特殊建物。

隧道狀的拱頂（vault）屋頂、倒碗狀的圓頂（dome）屋頂，都屬於殼體結構。由此可見，殼體結構也會部分用於屋頂或屋簷。

shell是貝殼、蛋殼等曲面狀的殼。要言之，殼體結構就是貝殼結構。薄面呈平面時雖然弱化，成為曲面狀則變強固。殼體結構就是將這種原理應用到建物上。

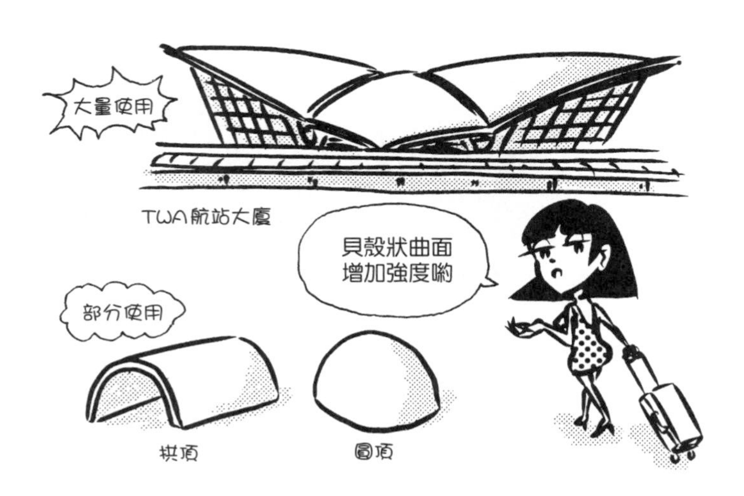

Q 膜結構用在哪種結構物上？

▼

A 經常用於體育場和棒球場等大規模空間的屋頂。

奧托（Frei Otto）等人設計的慕尼黑奧林匹克體育場（Olympiastadion München，1972年）是著名的膜結構建築。

商店使用的帳篷材質雨檐、臨時搭建的帳篷等，都算是膜結構。這類使用薄膜的結構，稱為膜結構。支撐膜的方式各式各樣。慕尼黑奧林匹克體育場是從桿子牽引金屬線懸吊支撐。這也是一種懸吊結構。三角狀的帳篷也是利用兩根桿子支撐懸吊的懸吊結構。

圓頂型帳篷是將桿子彎曲成拱形，藉以支撐帳篷材料。東京巨蛋等建物，則是藉由提高內部氣壓來支撐膜。此外，將空氣灌入救生圈狀的袋狀膜中，膜膨脹之後做成屋頂等方法，也是膜結構。

Q 以一張A4紙為屋頂材，四本日本新書尺寸的書為牆，製作出折板結構、殼體結構、懸吊結構的屋頂模型。

▼

A 簡單的模型樣本如下圖〔編註：新書尺寸（新書判）為日本戰後岩波新書創始的書籍版型，沿用至今，173mm×105mm或近似尺寸〕。

用紙做出折板結構非常簡單，只需把紙摺成鋸齒狀即可。下圖右是反折鋸齒狀中間部分。即使是又輕又薄的紙，只需把紙彎折，就能實際感受到強度增加。

殼體結構中的隧道狀拱頂是最簡單的。將紙張彎曲成半圓形，用書抵壓住下部，避免紙張攤開，便大功告成。重點在於兩側必須抵壓住，現實中的建物如果沒有抵壓住，屋頂也會損毀。

雖然用紙和書製作懸吊結構有些困難和勉強，但只要稍微彎折紙張一端再用書夾住，便能做出懸吊狀。如果書太軟而無法立起，可直立書本，就能立起；再將紙張彎折端夾入書本封面內側，即告完成。

懸吊形成的曲線，稱為**懸鏈曲線**（catenary curve）。丹下健三設計的國立代代木競技場，運用比懸鏈曲線更尖銳的曲線，呈現出形體的動感。只是追求結構的合理性，無法設計出傑出的建物。關於國立代代木競技場這座建物，結構專家坪井善勝的貢獻也不容忽視。

Q 利用免洗筷與橡皮筋做成長方形和三角形，哪一種容易變形？

▼

A 長方形容易變形。

推壓長方形任一頂點，它立刻變成平行四邊形，很難一直保持直角。另一方面，三角形可以維持原狀。即使是以橡皮筋隨意固定，三角形也不易變形。

建物經常利用三角形不易變形的性質。

Q 桁架用在哪種結構物上？

▼

A 用於建造鐵橋和體育館等大型空間。

桁架（truss）是組合三角形而成的骨架。它經常用於鐵橋等土木結構物；此外，也用在屋頂的骨架或橫跨體育館等大型空間的梁等。

桁架不僅能夠用於梁等的線狀部分，還能橫向擴展，只用桁架便可做出地板或屋頂等的面整體。再者，圓頂和隧道狀拱頂等殼體，也能利用桁架組合出來。

桁架的基本原理是，利用「三角形不會變形」的原理來建造結構物。一根一根的建材是細的，但組合成桁架之後，就成為穩固的結構。桁架的最大優點在於重量較輕且成本低，卻能組合出大型結構物。

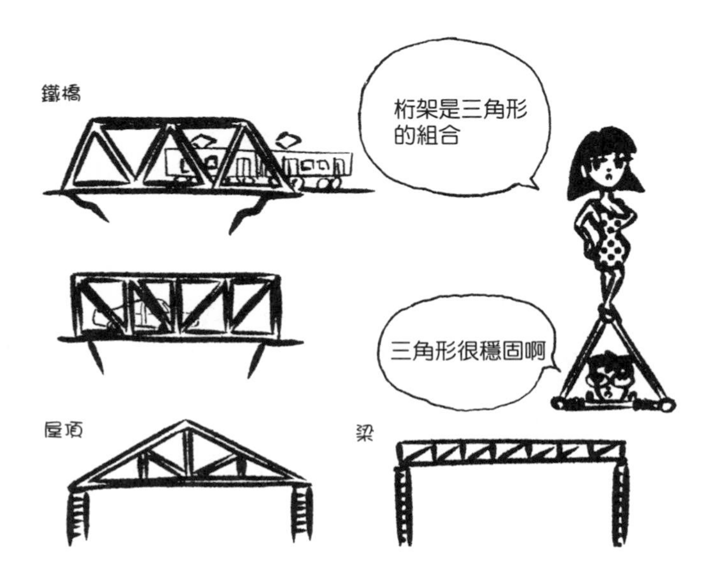

Q 用七根免洗筷與橡皮筋能做出哪種形狀的桁架？

▼

A 簡單的模型樣本如下圖。

下圖是結合三個正三角形而成的桁架。從上方推壓，會發現桁架竟相當牢固。相反地，施加力於桁架的面和直角，輕易就讓桁架彎曲。

用免洗筷組裝，會發現多根筷子相交的接合處，必須費力固定。實際的桁架重點也是接頭（joint）部分。這些線材（wire rod）多半旋緊固定於圓球形接頭。這類桁架也有專門的製造業者。

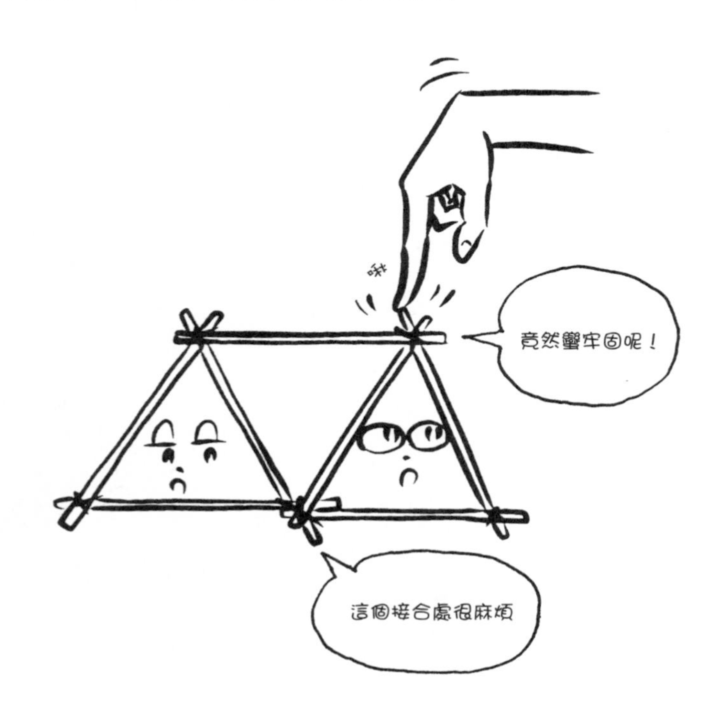

Q RC是什麼？

▼

A 鋼筋混凝土。

RC是reinforced concrete的縮寫。reinforce是補強之意。因此，RC的原意是「經過補強的混凝土」。

reinforce的re是表示「再」的字首。in是「放入其中」的意思，force表示「力」。「再次將力放入其中」是指對原有的力再施力。換言之，就是補強的意思。

至於用什麼東西來補強混凝土，就是用鋼筋補強。因此，RC就是鋼筋混凝土。

框架結構、承重牆結構等是依支撐結構的構造和方式來分類。另一方面，RC造、S造等是依結構所使用的材料來區分。請清楚區別兩者。

框架結構、承重牆結構等→依結構的構造和方式分類
RC造、S造、W造等　　→依結構的材料分類

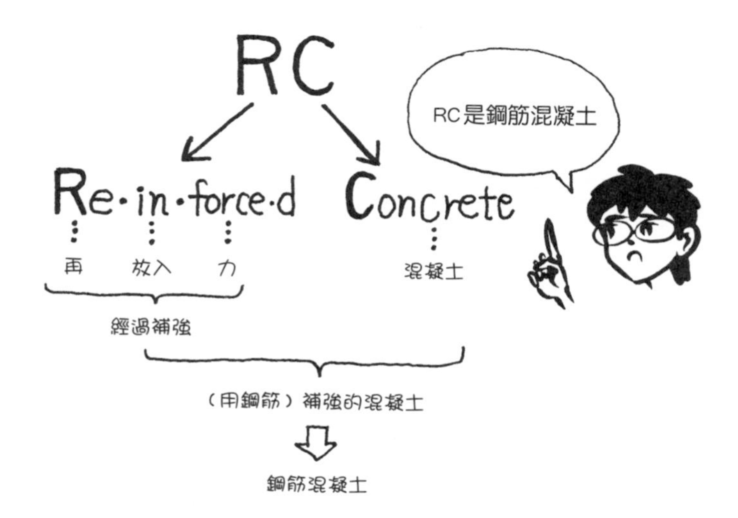

Q 為什麼必須補強混凝土？

▼

A 因為抗張力（tension）強度弱。

混凝土的性質是抗壓力強，抗張力弱。為了補強強度弱的抗張力，在混凝土中埋置大量鋼筋（鋼棒）。

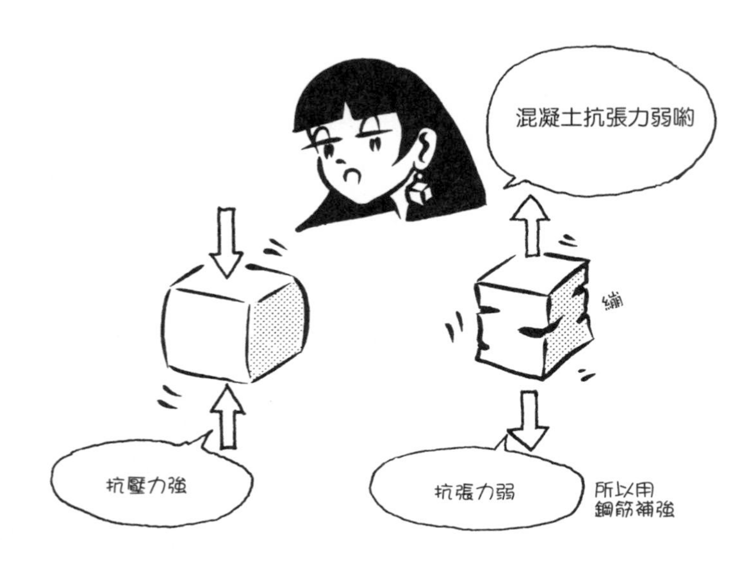

Q 混凝土與鐵的熱膨脹率相同或不同？

▼

A 大致相同。

儘管出乎意料，但鐵和混凝土的熱膨脹率（thermal expansion）大致相同。正確的說法是，線性熱膨脹係數（linear coefficient of thermal expansion）相等。

以0℃時的長度L_0為基準，t℃時長度L的伸長率（elongation）(dL/dt)是最初基準的幾倍，所表示的值（$(dL/dt)/L_0$），稱為線性熱膨脹係數。混凝土與鐵的線性熱膨脹係數大致等值。

因為線性熱膨脹係數相等，鋼筋混凝土是可行的。兩者對熱的膨脹收縮大致相同，所以鋼筋與混凝土不易分離。

鐵（iron）混入碳（carbon），就成為鋼（steel）。

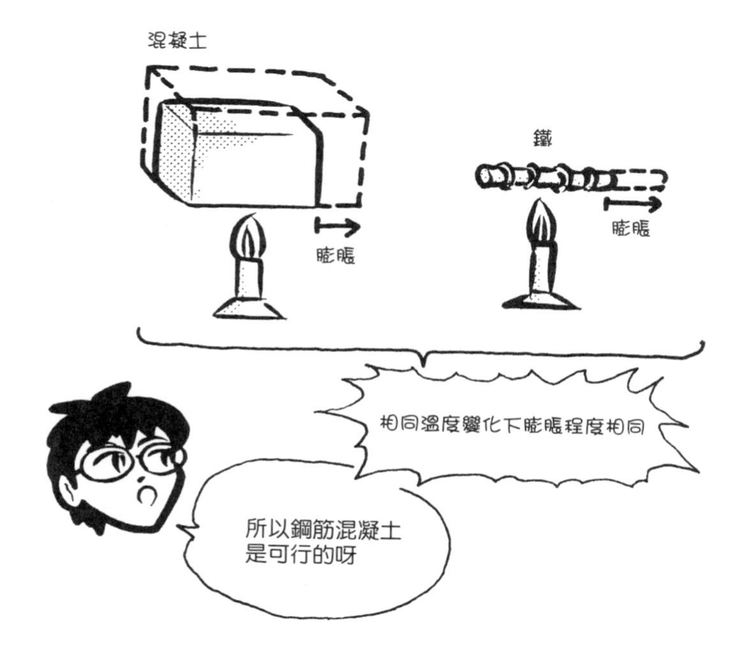

Q 鋼筋在混凝土中會不會生鏽？

▼

A 不會生鏽。

鐵浸入水中，會氧化成為氧化鐵（Fe_2O_3，三氧化二鐵）。氧化鐵俗稱「紅鏽」（red rust）。

這種氧化在酸性中會加速進行，但在鹼性中就不會氧化。混凝土是鹼性，鐵不會氧化，就不會生鏽。因此，鋼筋混凝土是可行的。

混凝土的鹼性消失而中性化（neutralization）之後，鋼筋就容易生鏽。混凝土會從表面開始逐漸中性化。內部的鋼筋如果生鏽了，因為膨脹關係，會導致混凝土破裂。中性化是造成混凝土損壞的原因之一。

鋼筋與混凝土兩者，鋼筋可以補足抗張力弱的混凝土，混凝土的鹼性則有助於防止鋼筋生鏽，兩者的熱膨脹率也相同。這些相容性讓鋼筋混凝土成為可行的。

鋼筋混凝土的性質如下：

① 鋼筋補足抗張力弱的混凝土
② 鋼筋在鹼性的混凝土中不會生鏽
③ 鋼筋與混凝土的熱膨脹率相同

Q 1. 混凝土的（　）力弱，所以用鋼筋補強？
2. 混凝土與鋼筋的線性熱膨脹係數相等嗎？
3. 混凝土是（　）性，所以內部的鋼筋不會生鏽。

▼

A 1. 抗張
2. 大致相等
3. 鹼

請牢記這三項重點。

A1 的答案就是RC的語源。混凝土抗張力弱，所以用鋼筋補強。經過補強的混凝土即reinforced concrete，簡稱RC。

A2是指鋼筋與混凝土兩者對熱的伸長率大致相同。因此，加熱時不會只有一方膨脹而失去作用，能夠維持兩者的一體性。

A3的答案是，因為混凝土是鹼性，鐵不會生鏽。但當鹼性中性化，鋼筋就會生鏽。因此，混凝土中性化並非好現象。

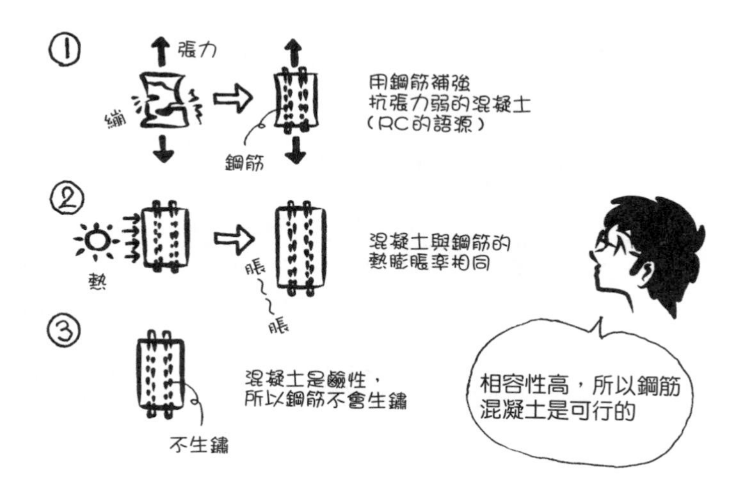

Q RC造建物的缺點是什麼？

▼

A 價高且既重又硬，容易產生裂縫並易傳熱，如果屋頂是水平的（平屋頂〔flat roof〕），防水工程非常麻煩。

首先，價格昂貴。RC造的成本約是木造的兩倍。在日本，相較於木造每坪單價一般約50萬日圓，RC造則約100萬日圓。其次，由於重量重，有不易傳導聲音和振動等的優點，但沉重的重量使得地板、柱、梁、基礎、基礎下的樁（pile）等，都必須建造得很堅固。

若是鋼骨造，雖然鋼本身比同體積的混凝土重很多，但支撐建物並不需要使用大量的鋼，所以不像RC造那麼重。

此外，混凝土在水泥（cement）凝固時會收縮，因此容易產生裂縫（裂隙〔fissure〕），地震或颱風等對建物施加強大的力，建物無法柔軟變形，就會導致裂隙。水從裂縫滲入，鋼筋生鏽，混凝土損毀。

再者，令人意外的是，混凝土具有容易導熱的性質。太陽的熱可以經由混凝土進入室內。而反之，室內的熱經由混凝土釋放到室外。為了防止熱釋放，必須使用隔熱材。

還有，RC造多半將屋頂做成水平或建成屋頂上空間，與斜屋頂不同，很容易漏雨。

Q RC造建物的優點是什麼？

▼

A 耐火性（fire resistance）、耐震性（earthquake resistance）、耐腐朽性（decay resistance）、防音性（soundproofing）、耐破壞性（fracture resistance）等。

RC可說是經過鋼筋補強的人造石建物，所以不易燃燒，不易損毀，不易腐朽，隔音性（sound insulation）高。簡言之，RC造是堅固的建物。

因此，軍事設施和核能發電廠都是RC造。此外，木造建物的基礎若是RC，即使在土中也不會腐朽，還具有耐重的強度。

Q 製作RC的概略順序為何？

▼

A 概略順序如下：

① 以板製作注入混凝土用的框。
② 把鋼筋組立到框當中。
③ 在預拌混凝土（ready-mixed concrete）凝固前注入混凝土模板（concrete form）內。
④ 等待凝固。
⑤ 凝固後，拆掉框，完成。

注入混凝土用的框，稱為**混凝土模板**。因為這個框是混凝土成型的構架。模板和鋼筋的工程通常同時進行。例如造壁時，先製作單邊的模板，然後組立鋼筋，再製作另一邊的模板。因為同時製作雙邊模板，便無法組立裝入其中的鋼筋。製作模板的板，稱為**襯板**（sheathing）；日文寫作**堰板**，得名自用以阻擋混凝土的板之意。通常用容易加工的合板（plywood）作為襯板，但土木工程規模大的建物有時會使用鋼製板。

以水泥、礫石（gravel）、砂（sand）、水混合而成的**預拌混凝土**，一天便幾乎可以凝固，能在上面行走，4週即達所定的強度。4週後的強度稱為**4週強度**（**28日強度**），便是強度的基準。

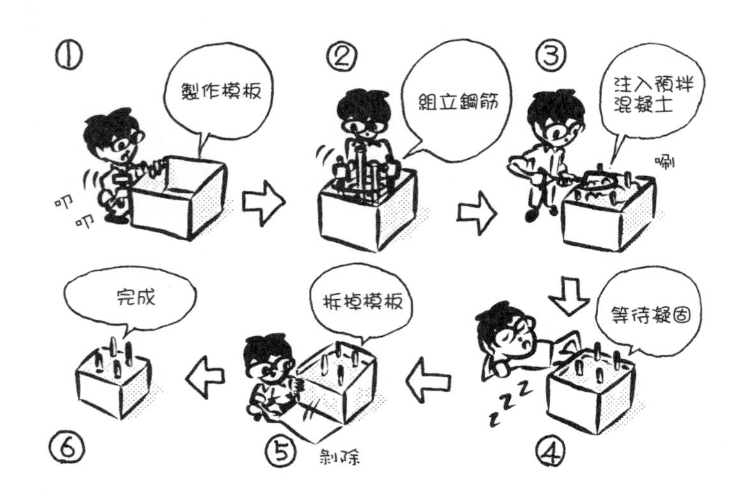

Q 混凝土拌合車的滾筒為什麼不停滾動？

▼

A 避免礫石等與水泥分離，並防止預拌混凝土硬化，所以不停滾動攪拌。

mixer truck（拌合車）的mixer源自有混合之意的mix。拌合車又稱攪拌車（agitator truck），agitate是攪拌之意。此外，drum原意是鼓，例如metal drum是指鼓狀的桶。拌合車的drum（滾筒）是車後裝設的盛裝預拌混凝土的鼓狀槽。

從在混凝土工廠調合預拌混凝土開始，到運送至工地現場澆灌（pouring）入模板，都必須充分混合預拌混凝土，而且不能讓它硬化。如果底部有礫石沉澱，造成部分凝固，就無法使用了。

藉由拌合車的滾筒不停回轉，加上滾筒內部附有輪葉（blade），徹底攪拌。抵達現場後，反向回轉，藉由輪葉將預拌混凝土送至滾筒上方，然後從取出口流出。

即使以裝有回轉滾筒的拌合車運送，仍有時間限制。從調合開始到澆灌的時間，根據氣溫訂定時間基準，約1.5～2小時以內。如果花費太多時間，預拌混凝土會開始硬化。

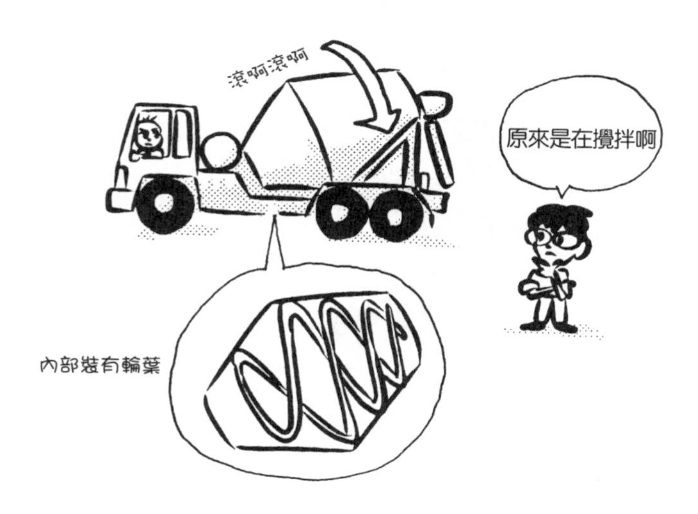

Q 如何現場澆灌混凝土拌合車運送的預拌混凝土？

▼

A 一般是使用混凝土泵浦車（pump truck），將預拌混凝土送至模板上部澆灌。

混凝土泵浦車的臂桿能夠向上伸展，得以藉由泵浦輕鬆向上壓送預拌混凝土。

若是小部分澆灌，有時使用日文稱作「貓車」的獨輪車，以人力搬運。

以混凝土泵浦車壓送時，為了輕鬆壓送，會加入水。然而，在現場加水，除了現場的調合之外，是絕對禁止的。隨著水量增加，混凝土的強度減弱，且降低耐久性，嚴勸禁止這種作法。

Q 混凝土模板是用襯板和什麼東西做的？

▼

A 支撐材（timber support）。

預拌混凝土 1m³ 約 2.3t，非常重，重量是水的兩倍以上。因此，只用板（襯板）來製作框，從上方注入時，模板立刻就會損毀。

為了避免襯板損毀，必須用管或角材（square timber）等來支撐。這項工程的意義是支撐和保持，所以日文稱之為**支保工**。

要組構支撐材，還需要各種金屬器具。總之，請先記住「**混凝土模板＝襯板＋支撐材**」。

Q 清水混凝土是什麼？

▼

A 混凝土澆置後，不塗裝（coating）、不貼磚等，不進行任何修飾（finishing）的方法。

清水混凝土（exposed concrete）一詞的「清水」，日文以「打ち放し」表示，意即混凝土「澆置」（打ち）後，只「放開」（放し）模板；或是「澆置」後，逕行「放置」不動。

清水混凝土是建築師偏好使用的方法。建物完成後風格鮮明，但髒污明顯易見，隔熱性差，耐久性不佳。從舒適性和耐久性的觀點來看，最好避免採用這種方法。

筆者四處造訪參觀過許多清水RC作品，老舊建物嚴重受損。柯比意設計的北印度昌第加（Chandigarh）的建物群，便已受損嚴重。路易·康（Louis Kahn）的作品群是清水混凝土中較優美的。清水混凝土方式會隨施工狀況、精度等而出現大相逕庭的結果，對模板工程、鋼筋工程和混凝土工程必須特別費心。

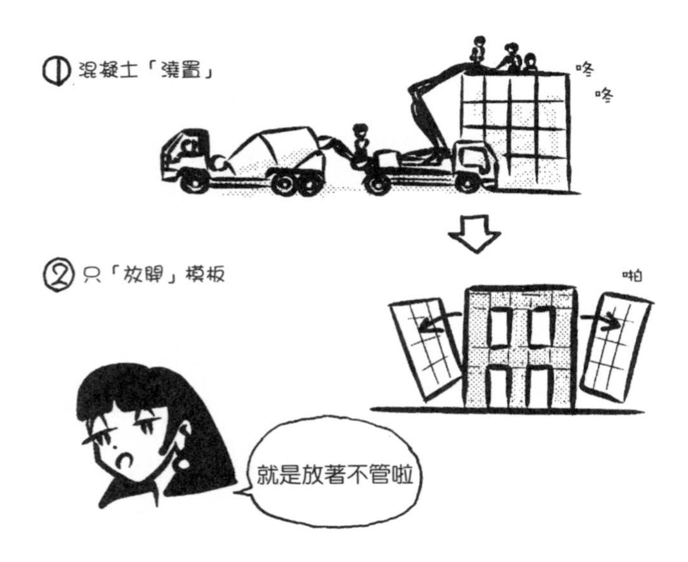

Q 撥水材是什麼？

▼

A 含矽等能夠把水撥開的透明液體，通常塗在清水混凝土表面。

混凝土本身具有耐水性，但仍多少會滲水。塗上撥水材（water repellent），不僅能把水撥開，髒污或霉也不易附著，增加混凝土耐久性。

常用的撥水材產品不是在混凝土表面形成塗膜（film coating），而是多少滲透入內，以便發揮撥水性。如果形成塗膜，會呈現潺濕的光澤，盡失清水混凝土的獨特質感。

但撥水材的效果約五至十年，必須定期重新塗刷。此外，如果是含矽撥水材，有時可能無法直接在上面再塗裝，塗裝前必須查核撥水材成分。

Q 預製混凝土是什麼？

▼

A 不在現場而在工廠事先灌入模板做成的混凝土。

precast concrete（預製混凝土）的pre是事前、預先之意的字首。cast是放入模型內製作、鑄造之意。

precast是事前放入模型內製作的意思。precast concrete則指預先放入模型內製作好的混凝土。有時以PC來簡稱precast。

混凝土通常是在現場製作模型，再注入預拌混凝土（凝固前的混凝土）做成，但預製混凝土是預先在工廠生產完成的混凝土。相較於現場製作，預製的方式容易管理，牆板（wall panel）等還可作為地板用，能夠製作信賴度高的產品。

預製混凝土有各式各樣的類型，包括可作為牆板或地板的板（PC板），以及作為梁等構件（PC梁）等。預製的混凝土板可以像撲克牌一樣自由組合，也可用於建造集合住宅的工法等。

就像precast一樣，建築用語中常出現prestressed（預力的）、prefabrication（預製）等；前者是事先加力的意思，後者是預先製造之意。

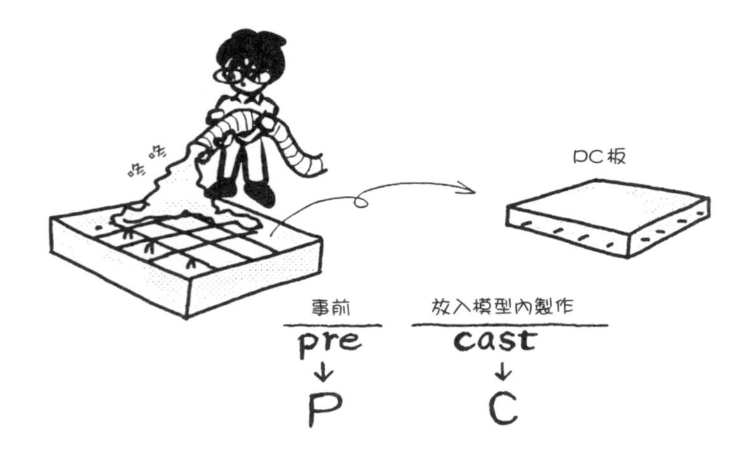

Q 混凝土的成分是什麼？

▼

A 礫石和砂漿（mortar）。

砂漿是水泥、砂、水做成的。混凝土是用所謂砂漿作為接著劑，把礫石凝固起來的人造石。

礫石選用小指指尖大小的石頭。砂就像砂場中的砂，水泥是粉末。混合水泥、砂、水，就能做成砂漿。建築中有時經常只使用砂漿，例如玄關的土間〔譯註：日本傳統民宅中一樓可著履行走的部分，常為廚房或作業場所等用地，現則多為踏入室內前的脫鞋處〕。

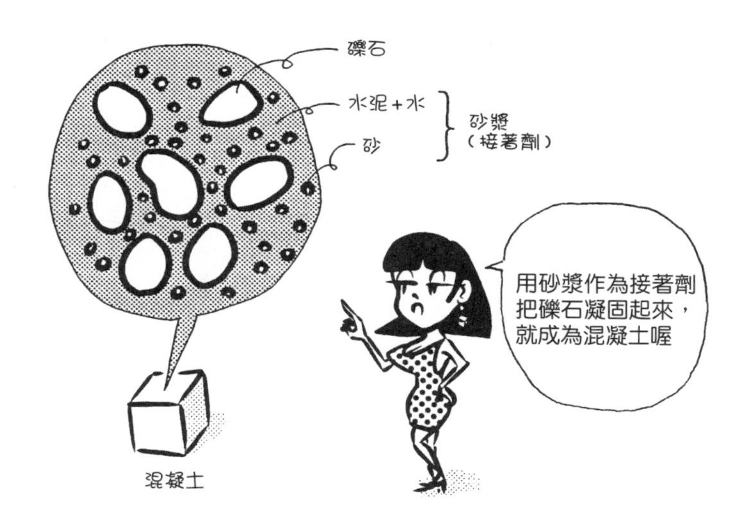

Q 水泥的原料是什麼？

▼

A 石灰石（limestone）。

水泥是將石灰石與黏土粉碎混合，燒製之後加入石膏而成。

日本的石灰石產量豐富，東京近郊秩父的武甲山是著名產地。武甲山的山頂半邊已呈峭壁狀，正是長年持續開採石灰石的緣故。時至今日，每天仍是爆破聲不斷。在武甲山的五合目〔譯註：合目為日本高山的隔區方式，無一定高度規定，數字愈大，高度愈高，通常山頂為十合目〕附近以下，水泥工廠綿延不絕，卡車往來頻繁。

石灰石是珊瑚和貝類等堆積擠壓、破碎之後形成的沉積岩，主要成分是碳酸鈣（$CaCO_3$）。石灰石不僅用於製作水泥，也用於製鐵，是日本邁向近代化不可或缺的原料。武甲山遭到砍削之後的樣貌，可視為日本近代化的負面遺產。

Q 波特蘭水泥是什麼？

▼

A 建築工程使用的水泥。

凝固後的水泥質感，與英國波特蘭島（Isle of Portland）所產的石灰石相似，所以稱為波特蘭水泥（Portland cement）。一般說的水泥就是波特蘭水泥。

除了波特蘭水泥，還有混合鼓風爐渣（blast furnace slag）的鼓風爐渣水泥（blast furnace slag cement）、混合矽石（silica）的矽石水泥（silica cement）、混合飛灰（fly ash）的飛灰水泥（fly ash cement）等。這些都是在波特蘭水泥中混合各種不同物質。

總之，請記住波特蘭水泥就是一般的水泥。

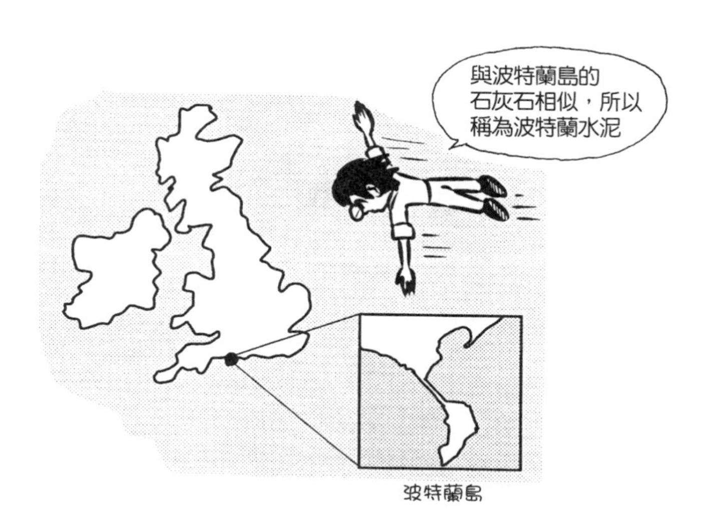

Q 混凝土是酸性還是鹼性？

▼

A 鹼性。

水泥的主要成分是氧化鈣（CaO），加水後會變成氫氧化鈣（$Ca(OH)_2$），呈鹼性。氫氧化鈣中的氫氧離子（OH^-），具有鹼性的性質。

Q 道路和停車場所使用的瀝青與混凝土相同或不同？

▼

A 不同。

瀝青（asphalt）是從原油提煉出來的一種油。在瀝青中加入礫石、砂等骨材（aggregate），可用於道路鋪面（pavement）等。

在瀝青中加入礫石、砂等骨材所成的物質，稱為瀝青混凝土（asphalt concrete）。然而，這與水泥做成的混凝土是完全不同的東西。

從原油提煉出汽油、燈油（煤油）、輕油、重油後的殘渣，就是瀝青。換言之，就是利用殘渣來建造道路等。但近年來的瀝青鋪面，漸漸轉用經過調合、品質佳的瀝青。

瀝青是油，具有撥水的性質，也作為防水材。此外，瀝青與水泥做成的混凝土不同，強度弱，加熱後會軟化。如果瀝青鋪面薄，還可以看見雜草突破瀝青長出來。

Q 混凝土中的礫石和砂叫作什麼？

▼

A 因為是成為骨的材料之意，叫作骨材。

礫石是粗的骨材，稱為**粗骨材**（coarse aggregate）；砂是細的骨材，稱為**細骨材**（fine aggregate）。

礫石→粗骨材
砂　→細骨材

將骨材混入水泥中，凝固後就是混凝土。只有砂無法成為混凝土。混合小石粒，也就是礫石，是混凝土的關鍵。大量的小石（礫石），以水泥＋砂＋水＝砂漿凝固後，就是混凝土。一般來說，礫石約占混凝土體積的40%，砂約占30%。骨材合計約占70%。

礫石（粗骨材）→40%
砂（細骨材）　→30%

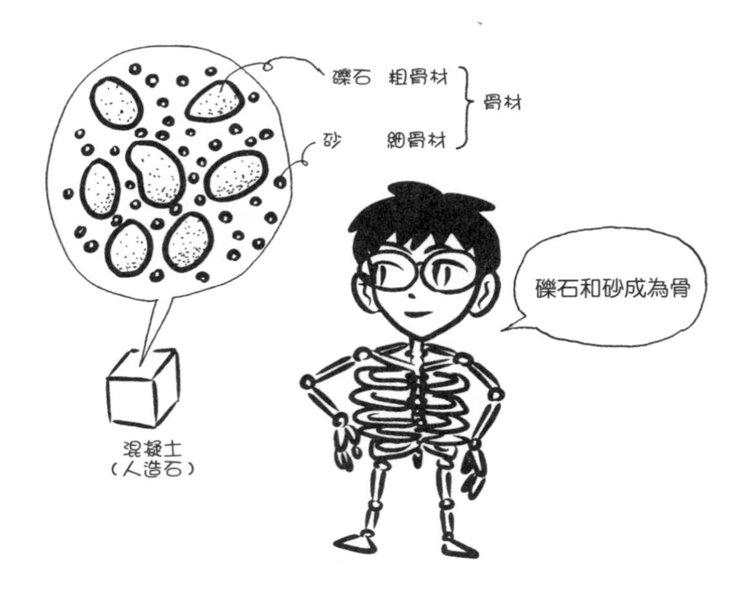

Q 把水加進水泥會如何？

▼

A 會凝固。

水泥與水結合，會產生化學反應，凝固為石頭狀。水泥＋水稱為**水泥漿體**（cement paste）。paste 是漿體之意，cement paste 直譯就是水泥漿體。砂漿經常作為建築的接著劑，這種接著作用其實來自水泥漿體。水泥漿體也稱為**泥漿**。從混凝土模板縫隙流出的水泥漿體，常稱為泥漿。由此可知，這裡的泥漿是指不好的東西。

在水泥漿體中加入砂所成的物質，就是砂漿。砂漿中加入礫石，就是混凝土。混凝土和砂漿的凝固，來自水泥的性質。

水泥
＋水
———水泥漿體（泥漿）
＋砂
———砂漿
＋礫石
———混凝土

與水結合產生的反應，稱為**水合反應**（hydration reaction）。此外，水泥與水結合後凝固的性質，稱為**水硬性**（hydraulic property）。如字面所述，就是與水「合」產生反應，和水一起「硬」化的性質。

Q 1. 水泥＋水＝？
2. 水泥＋水＋砂＝？
3. 水泥＋水＋砂＋礫石＝？

▼

A 1. 水泥漿體
2. 砂漿
3. 混凝土

幾項用語連續出現，這裡再複習一下！

作為接著劑的水泥漿體中，加入砂或礫石等骨材，能夠做成砂漿或混凝土。所有過程是因為水泥與水產生反應而凝固的水合反應和水硬性。

此外，凝固前的混凝土稱為**預拌混凝土**。預拌混凝土是一般用語，學術用語稱為**新拌混凝土**（fresh concrete）。

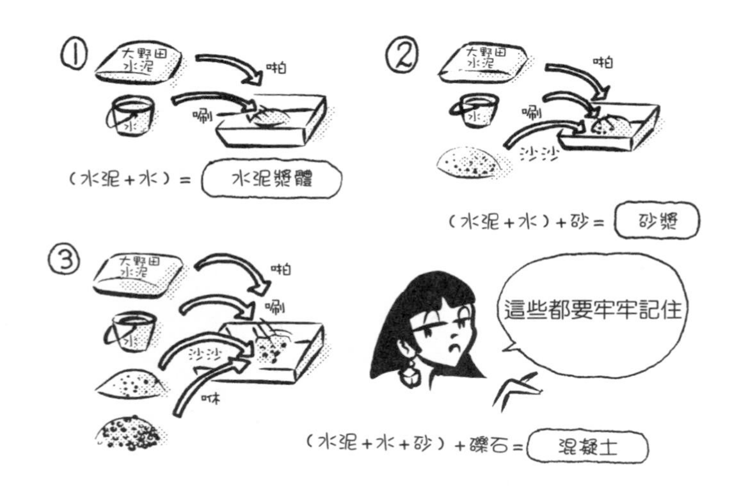

Q 水灰比是什麼？

▼

A 水泥漿體中水與水泥的重量比。

水灰比（water-cement ratio）的公式是「水灰比＝水的重量／水泥的重量」。水是分子、水泥是分母，所以請記住是「**水÷水泥**」。

混凝土的抗壓強度（compressive strength）基本上以水灰比決定。水過多，強度就變弱；水少則強度大。

水灰比→強度的指標

然而，如果水太少，預拌混凝土不易流動，**施工性**（workability）會變差。為了確保施工性，必須降低水灰比（減少水）。

此外，水少導致不易流動時，也可以加入加氣劑（air-entraining agent，AE劑）等，產生氣泡，達到滾珠軸承（ball bearing）效果，促進流動。加入加氣劑，不僅容易流動，還能降低水量，也就是製成水灰比小的混凝土。

水灰比依混凝土的種類而定，為65%以下或60%以下等。

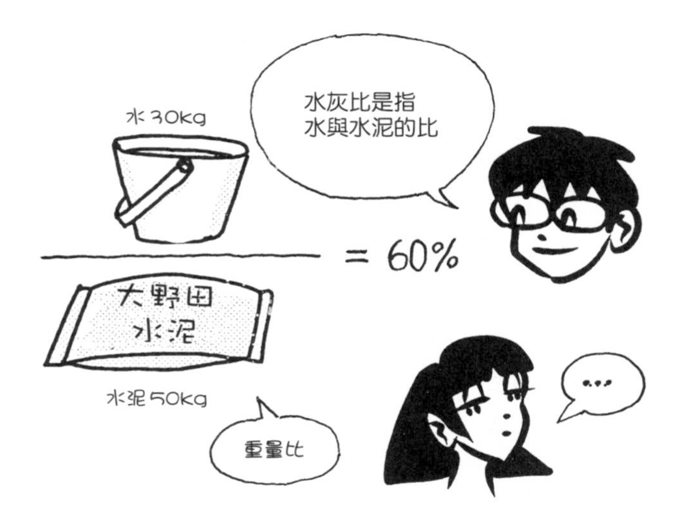

Q 坍度是什麼？

▼

A 在稱為坍度錐（slump cone）的桶中裝入預拌混凝土，拆掉錐桶時，坍陷的預拌混凝土堆的量的值。

坍度錐是高30cm、底面直徑20cm、頂面直徑10cm的圓錐形（cone）物。slump有陷落之意，就是be in a slump（陷入低潮）的slump。試驗預拌混凝土陷落程度的圓錐桶，便是坍度錐。坍度錐的頂面也開洞，從那個洞填入預拌混凝土。填入之後，用棒盡量捶搗，以便讓預拌混凝土均勻填滿錐桶整體。

接著，抽出錐桶，預拌混凝土堆完成，只是變成比錐桶更矮寬的形狀。測量高度變低了多少，就可以知道預拌混凝土的軟度。比30cm低多少、坍陷多少，就是**坍度**，或稱**坍度值**。30cm減去土堆高度的距離，就是坍度。

藉由坍度，能夠知道預拌混凝土的軟度。預拌混凝土軟，表示施工方便，施工性佳。

坍度　→施工性的指標：值愈大則愈軟，施工性佳
水灰比→強度的指標：值愈小則水量愈少，強度大

坍度和水灰比是混凝土的兩大指標，必須牢記。坍度通常18cm，水灰比約60%。

測量土堆坍陷的是坍度，測量土堆擴展情況的則稱為**坍流度**（slump flow）。坍流度是測量土堆的最大徑。

Q 指建物的結構部分和骨架部分的名詞叫作什麼？

▼

A 叫作軀體（skeleton）。

軀體的「軀」是身體之意，但建物的軀體則是指柱、梁、地板、牆等結構部分，也稱為**結構軀體**（structural skeleton）。

軀體一詞，同樣用在鋼骨造（S造）、木造（W造）。

若是RC框架結構，有時結構不含牆，但在現場仍稱為軀體。如果是RC造建物，修飾和設備除外，通常習慣以軀體來表述混凝土部分。因為指堅實的部分時，是以軀體來表述。

Q 牆或樓板的厚度與混凝土板的厚度相同或不同？

▼

A 不同。

因為有修飾，牆或樓板的厚度比混凝土板大得多。

牆從混凝土面開始，取適當距離，鋪貼石膏板（gypsum board）等，其上再貼上塑膠壁布（vinyl cloth）等。因此，從混凝土面到牆表面有4～5cm。

若是外牆，外側鋪貼磁磚或石等修飾材（finishing material），外側或內側貼上隔熱材，所以比內牆更厚。

若是天花板，從混凝土面吊下鋪貼石膏板等，其上再貼上塑膠壁布等。此外，地板的部分是從混凝土面浮貼地板材。因此，如果包含天花板內到地板下，地板的厚度也大增。

有時直接修飾混凝土使用，或者採用只塗刷混凝土面的修飾方法，但通常是取少許距離，然後鋪貼修飾的板等。即使混凝土柱的大小是80cm見方，只要加上修飾，就成為90cm見方或100cm見方。

Q RC框架結構的牆和樓板厚度是多少？

▼

A 約15cm（20cm）。

粗略地說，混凝土板的厚度，牆和地板都是約15cm。

若是承重牆結構，有時牆的厚度為18cm或20cm。此外，若是外牆，有時只在外側增厚**加鋪**（overlay）2～3cm混凝土。

增加地板的厚度，能夠減少上層樓層的振動或讓聲音不易穿透。高級大廈的樓板有時厚達30cm或40cm。

Q RC軀體的圖面標記是什麼？

▼

A 以三條45度斜線表示。

1/50、1/30、1/20比例縮尺的圖面上，為了描繪區別結構軀體與修飾材，必須有表示記號來標明哪些是結構軀體。以RC軀體來說，規定以三條45度線表示。

斜線標記的間隔適度即可。總之，只要明白那是軀體便行。為了輕鬆辨識軀體，有時也會加入網點。現在CAD（電腦輔助設計）普及，已經有更簡單易解的圖面表現。

若是ALC板（autoclaved lightweight concrete panel，高壓蒸汽養護輕質氣泡混凝土板）般的輕量板，則以兩條45度線表示。即使是RC造建物，也會使用ALC板來隔間，請多注意。

ALC是利用輕質氣泡混凝土，將混凝土製成輕石（pumice，又名浮石）狀的輕板。價格便宜的S造建物，經常使用ALC板。

若是1/5、1/2比例縮尺，三條線看起來過於粗略，所以畫成混凝土斷面般的礫石狀。

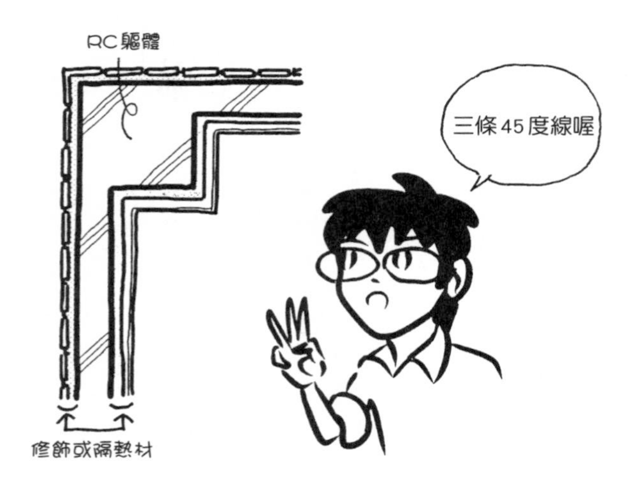

Q 框架結構（桌子）中四根柱圍起的範圍有多大？

▼

A 7m×7m＝49㎡。

柱與柱的間隔稱為**跨距**，7m是標準間隔。以7m×7m支撐約50㎡的樓板，是最符合經濟效益的跨距。

除了7m×7m這樣的正方形，5m×10m等長方形也無妨。總之，只要成為桌子般的形狀即可。

三室一廳一廚（3LDK）大小的分戶共管式家庭大廈，一般以四根柱支撐一住宅單位。

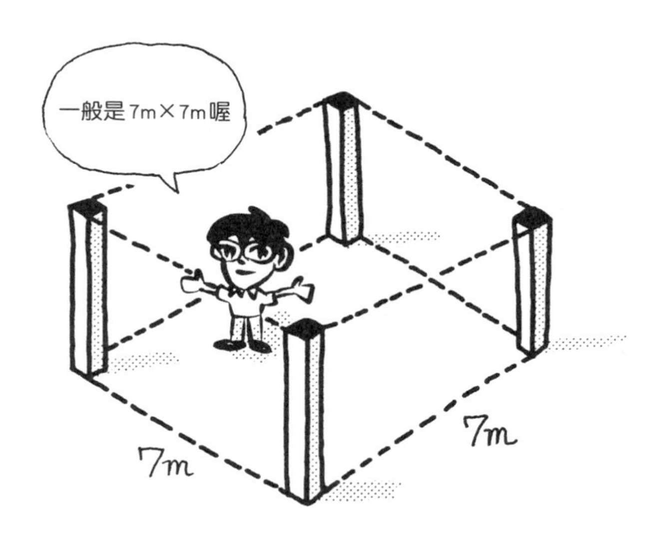

Q RC框架結構的柱在各樓層粗細（柱徑）相同或不同？

▼

A 不同。一般來説，愈往上層樓層愈細。

柱的粗細約跨距的1/10。7m的跨距，柱的粗細約70cm（700mm）。

通常一樓的柱徑（column diameter）是700mm，二樓是650mm，三樓是600mm。因為愈往上層樓層，施加於柱的力愈小。因此，愈往上柱子愈細，所以柱的中心線（柱心〔column core〕）逐漸偏離。一般來説，外牆部分是從柱心偏離，而非從牆的中心線（壁心〔wall core〕）偏離。各樓層柱的配置是靠近牆。

如果柱在上下樓層直接相通，外牆會逐漸向內側靠入。此外，各樓層的地板面積也會不同。為了讓牆垂直向上，所以使柱心偏離。

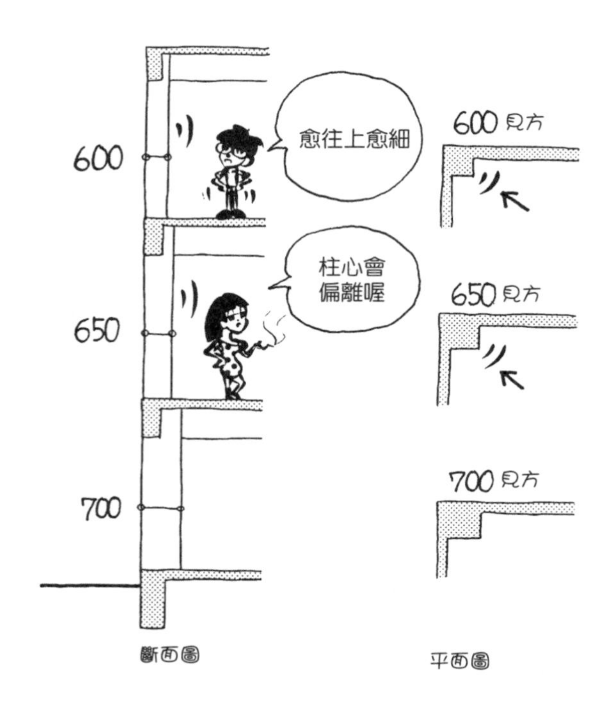

Q RC框架結構的梁高是柱間距離（跨距）的幾分之一？

A 約1/10。

梁高（beam depth）是建築設計的重要數值。框架結構的梁高約跨距的1/10。請記住1/10這個數字。

7m跨距的梁，梁高是7m×1/10=70cm。

梁高是從梁的底端到樓板的頂端。在RC中，梁與樓板是一體的。因此，梁高是至地板上的尺寸。

雖然梁高約跨距的1/10，但愈往下層樓層，施加於梁的力愈大，即使是相同跨距，梁高也會愈大。基礎梁的梁高最大，即使二、三樓建物，梁高也有1.5～2m。

柱的粗細（徑）也約跨距的1/10。以7m跨距來説，柱的粗細約70cm見方。愈往下層樓層，柱愈粗。

若是鋼骨造（S造）的框架結構，梁高可以比RC造稍低，甚至可達1/12～1/15。

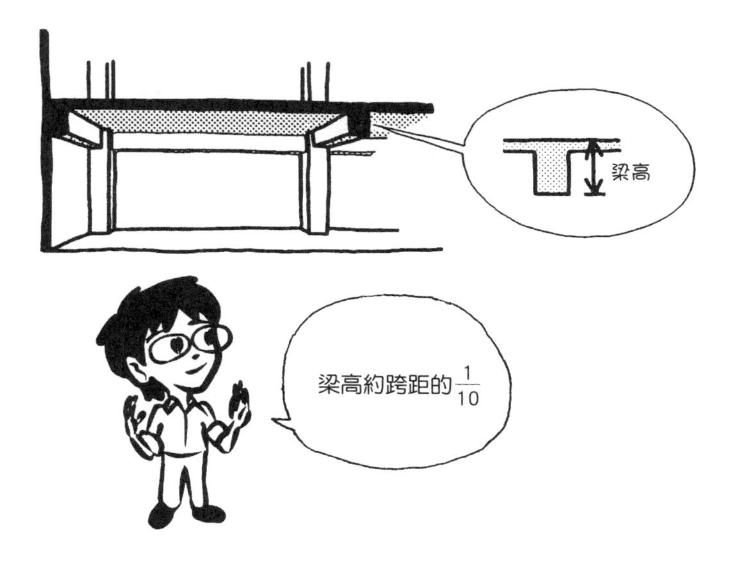

Q 梁的斷面是縱長還是橫長有利？

▼

A 縱長有利。

梁是承受上方施加的重量，彎曲的力和折彎的力（彎矩〔bending moment〕）作用於梁上。縱長斷面有利於對抗這種力。

實際折彎塑膠直尺或細棒等，立刻就能了解。把直尺窄的那面立起再折彎，並不容易折彎。然而，把窄的那面橫倒，很容易便能扭捲折彎。

梁支撐地板的荷重（load），所以施加很大的向下力。柱則施加向上力。因此，正確地說，中央附近是向下折彎的力作用，柱附近則是向上折彎的力作用。為了對抗這些力，縱長斷面有利。

即使是木造梁，也配置為縱長斷面。鋼骨梁通常使用H型鋼，將H配置成橫向形狀，以便抵抗折彎的力。這種情況仍是縱長斷面有利。

梁的斷面一般是縱長，但天花板內沒有設備配管通過的地方，有時會部分使用橫長斷面。這種情況必須留出較大的斷面積。

Q RC框架結構的梁寬是梁高的幾分之一？

▼

A 約1/2～2/3。

梁的斷面形狀很少呈正方形，通常是縱長形。梁寬（beam width）約是梁高的1/2～2/3。

梁高70cm時，梁寬約35～40cm。正確的數值可以用結構計算算出，但請記得，大體上，**梁寬約梁高的一半**。

縱長的梁對結構有利。無論鋼骨梁或木造梁，都是縱長較有利。請仔細觀察木造露出的梁。斷面並非橫長，而是使用縱長。因為抵抗施加於梁內部的所謂彎矩的力，縱長斷面有利。

最下方的基礎梁與其他梁相較，縱長極大。相對於梁高150cm，梁寬約50cm。基礎梁的梁高愈大，縱長程度愈大。

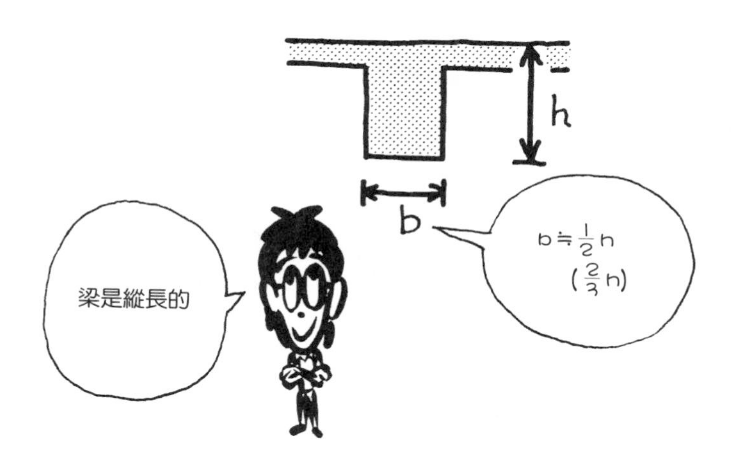

Q 承重牆結構（瓦楞紙箱）的箱底各邊長度是多少？

▼

A 5m×6m=30㎡是最符合經濟效益的大小。

承重牆結構主要用於集合住宅，但多半是大約兩間房間作為一個箱型空間。多個箱子並列，建成大型建物。

相較於框架結構（桌子），承重牆結構（瓦楞紙箱）更常用於小規模建物。價格便宜是承重牆結構最大的優點。

框架結構（桌子） →7m×7m≒50㎡大小是最符合經濟效益的跨距

承重牆結構（瓦楞紙箱）→5m×6m＝30㎡大小是最符合經濟效益的跨距

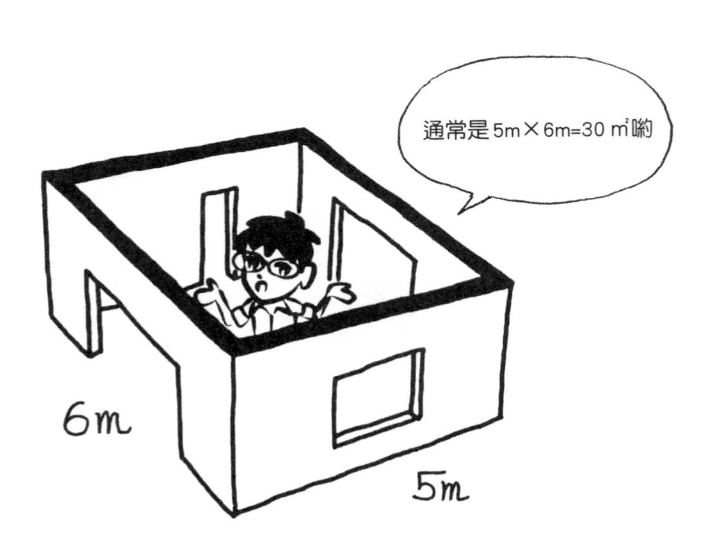

Q 大梁與小梁有什麼不同？

▼

A 大梁（girder）是橫跨柱與柱之間的梁，小梁（beam）是橫跨梁與梁之間的梁。

大梁是讓柱相互連結的梁。若以桌子為例，就是架設在桌腳之間的橫條。桌腳與橫條牢牢保持直角，就能防止桌子損毀。此外，施加於桌子的重量傳遞至桌腳。

小梁是架設在大梁與大梁之間。如果柱與柱之間距離過長，容易導致樓板撓曲（deflection），振動也容易傳至下層樓層。因此，在中間加入小梁。小梁能夠補強地板，牢牢固定大梁與大梁，讓桌子整體變得牢固。

大梁是主梁，小梁是副梁。大梁的英文是girder，小梁是beam。因此，在結構圖中，大梁簡稱G，小梁簡稱B。

順帶一提，柱是column，牆是wall，多分別簡稱C和W。在圖面上，以G、B、C、W附加編號繪製。例如，C1是600×600的簡寫、C2是500×500的簡寫等。

大梁→G：girder
小梁→B：beam
柱　→C：column
牆　→W：wall

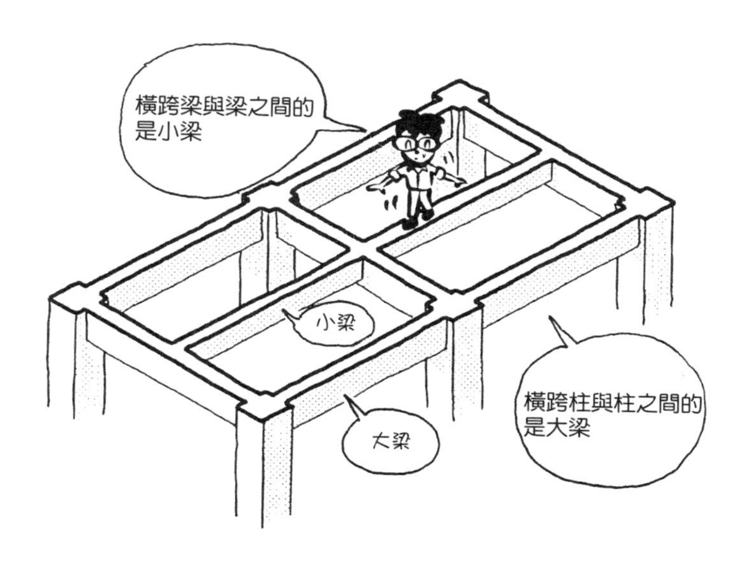

Q 懸臂梁是什麼？

A 從柱的一端伸出的梁。

如同樹枝從樹幹伸出般，懸臂梁從柱伸出。橫跨柱與柱之間的是普通的梁（大梁），懸臂梁則是呈從柱突出的形狀。

懸臂梁不僅在陽台或外走廊使用，也用於讓室內向柱的外面突出（使其懸臂）。土地形狀不規則時，能夠利用懸臂調整地板的形狀。

此外，懸臂也可以打造在設計上不會被柱分隔的大窗（橫向長窗、全玻璃窗等）。

為了防止懸臂梁長期承重而垂下，必須將內部的鋼筋牢牢固定於柱或背後的梁等（使鋼筋無法拔出）。特別要注意的是，如果拔出上側的鋼筋，梁會折斷。

懸臂的英文是cantilever，因為是從柱伸出，也屬於大梁（girder）。因此，會使用記號CG來代表。

屬於大梁的懸臂梁端點，如下圖所示，通常以小梁連結。如果地板輕，也可以省略小梁。此外，如果突出的是1m的小地板，有時不使用懸臂梁，只製作樓板。只需25cm厚的樓板，便能打造突出的地板。

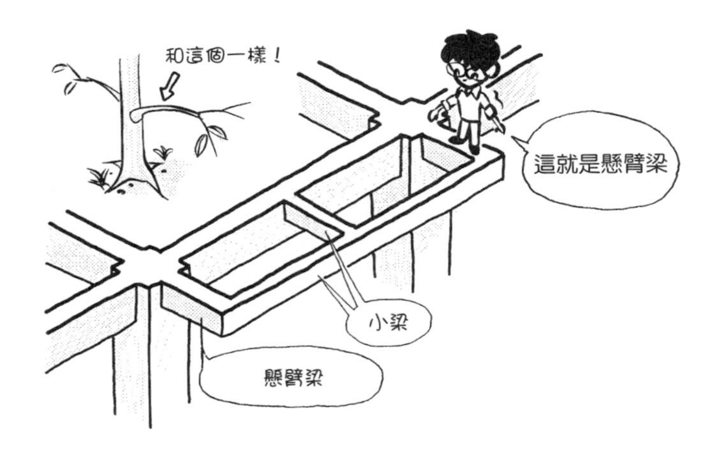

Q 為什麼懸臂就能做出橫向長窗或全玻璃窗？

▼

A 如下圖，外牆面從柱向外伸出，位於不會受柱干擾的位置。因此，窗不會被柱隔開，可以接續。

角隅（corner）部分也能以玻璃建造。如果以玻璃圍繞角隅，可以增加房間的開放感。為了實現角隅玻璃，懸臂是不可或缺的。角隅有柱，就無法圍繞玻璃。

下圖左側的窗被柱隔開，無法橫向接續。因此，成為牆面之間有小窗的型態。

橫向延伸、強調水平線的橫向長窗（橫向水平連窗〔horizontal ribbon window〕）是近代建築的特徵之一。最早提倡橫向長窗的是柯比意，薩伏瓦別墅正面的窗，距柱 1.25m 懸臂，實現橫向水平連窗。側面沒有懸臂，形成以柱分開的窗。橫向水平連窗是柯比意的近代建築五原則之一。

環繞角隅的大玻璃面，則在葛羅培（Walter Gropius）設計的包浩斯（Bauhaus）校舍（1926年）工房實現。柱筋（column bar）兩面皆採懸臂方式，因此整面外牆都是透明玻璃，角隅也有玻璃圍繞，實現具透明感的空間。

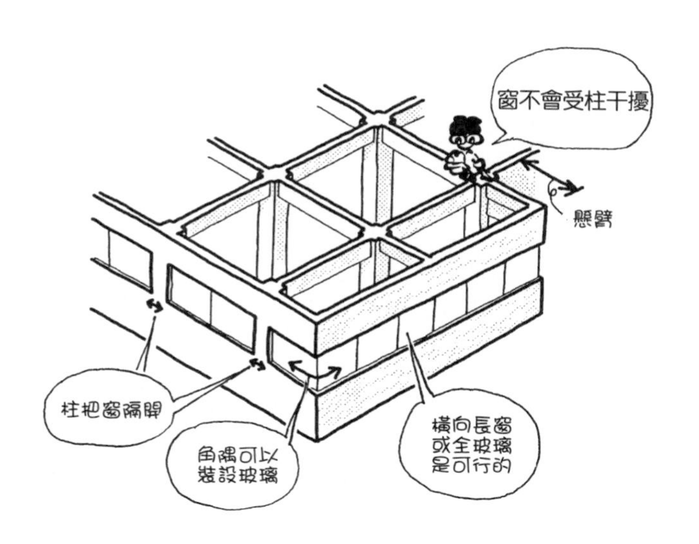

Q 梁裝在柱上時，不裝在柱中心而靠向柱端裝置，可行嗎？

A 可行。

一般來說，梁裝在柱中心。這種作法在結構上是安定無誤的。然而，在安裝時，將梁靠向柱端也是常見的作法。只要可以把鋼筋固定（牢牢固定），梁裝在柱的邊側，偏離中心也是可行的。

若是外牆面，常見的方式是接合柱的外面（outer surface）與梁的外面，讓兩者結合。如此一來，外牆與柱與梁的安裝更穩固。如果梁裝在柱中心，隨著梁寬不同，外牆與梁之間會產生縫隙。一旦形成小縫隙，不僅模板工程變得麻煩，甚至製作模板也沒有意義。因此，梁安裝在靠向外牆的部分。

外牆邊並非都是梁，牆一般也靠向外側。有時也把外牆與柱的外面接合，以這種方式來建造外牆。若讓外牆附在柱中心，柱或梁的凸出部分會露出外面。如果堆積在梁上的灰塵隨雨水流下，容易把牆弄髒。

日本一級建築師考試是把牆放在柱中心，方便面積計算。但實務上，會注意柱型來調整牆的位置。外牆面一般與柱的外面接合。

然而，大廈常見的作法是，柱突出外廊側或外走廊側，外牆接合柱內面。這是為了不讓柱型突出於室內，使空間簡潔流暢。

Q T型梁是什麼？

▼

A RC造中梁與樓板是一體的，所以結構計算上成為T型的梁。

RC造中，梁的頂端就是樓板的頂端。樓板的鋼筋牢牢固定於梁上。換言之，在結構上，梁與樓板成為一體。

因為梁與樓板一體，與其說梁是長方形，應該說是加上樓板某個長度的形狀，也就是實際上可視為呈T型。

考量T型梁（T-beam）時，有基準計算公式可以知道樓板應該計算到哪裡。此外，只有壓縮力（compressive force，推力〔pushing force〕）作用於樓板側時，成為T型；有張力施加於上時，樓板不納入計算，成為長方形梁。

若是位於樓板端部的梁，樓板只有連結在梁的一側。因此，這樣就不是T型，而成為L型。如果是這種情況，便成為只有壓縮時計算的L型梁。

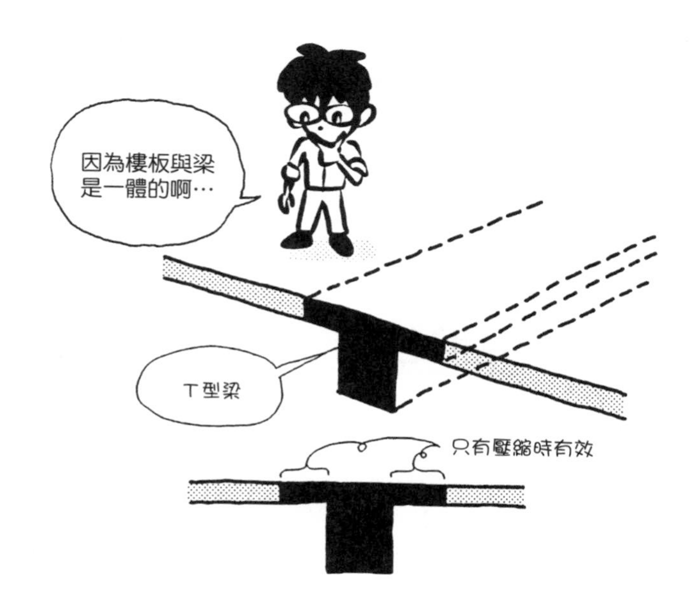

Q 倒梁是什麼？

▼

A 把梁裝在樓板上方的方法。

梁通常裝在樓板下方。桌子也是一樣的情況，成為骨架的橫條，裝在桌板的下方。如果桌板上方有橫條會造成不便，因為是從上方施加重量，補強的橫條在下方才是合理的作法。

因為從上方施加重量，所以梁通常裝在樓板下方。倒梁（inverted beam）是把橫條裝在桌板上方，像吊起桌板一樣進行補強的梁。

如下圖，厚紙一端向下折彎補強的是普通的梁，向上折彎補強的是倒梁。無論是框架結構或承重牆結構，都可以做倒梁。有些建物是部分採用倒梁，有些則是建物整體都用倒梁。

若是普通的梁，因為設法隱藏梁，會讓天花板內空間增大；如果是倒梁，地板下空間會增大。採用倒梁，分戶共管式大廈等建物就可以把地板下作為收納空間，或者用作管道間（pipe space）。

普通的梁無法完全隱藏在天花板中時，梁經常會稍微露出。雖然大廈等建物也會看見梁，但這是為了縮小樓高（樓層間的高度），進而確保天花板高度。倒梁不適用於這種方法，只限於在有充裕樓高的地方才能使用倒梁。

如果是地面下的耐壓板（pressure-tight slab，承受來自地面的壓力的樓板），因為是從下方施加力，在板的上方設置補強的梁。這也是倒梁的一種。

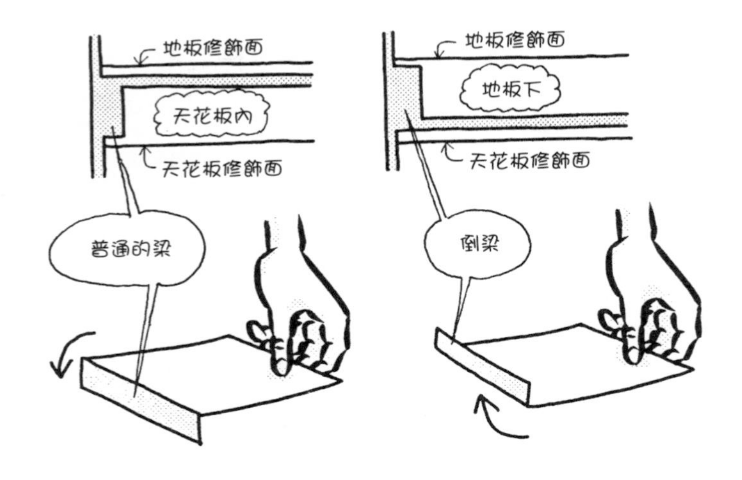

Q 梁腋是什麼？

▼

A 梁或樓板等加粗的端部。

梁腋的英文是haunch。這個字的原意是腰腿肉，在建築上則指膨脹的端部。如下圖，梁腋通常是斜狀加粗。

除了如下圖加大高度方向的垂直梁腋，還有加大水平方向的水平梁腋。不管哪一種，都是用以提高結構強度。

在樓板部分，也有加粗與梁接合部分的梁腋。除了斜狀梁腋，還有做成樓梯狀增厚的垂狀梁腋（drop haunch）。地板端部是容易受力的地方，所以增厚補強。

跨距長時，梁或樓板會使用梁腋。此外，支撐地板中耐壓板的梁等，有較大的力施加於上的地方，也會使用梁腋。

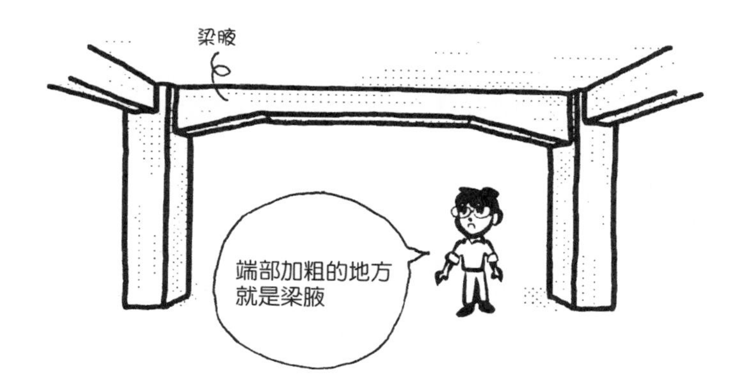

Q 剪力牆是什麼？

▼

A 為了對抗地震而加入框架結構中的牆。

框架結構只以梁與柱來保持直角。為了補強框架結構，在重要地方加入剪力牆。

橫跨柱與柱、梁與梁之間，用牆填滿跨距整體，便成為剪力牆。剪力牆不能挖大洞，即使挖洞，也只能開小窗。剪力牆的配置，重點在於裝設時保持平衡，如果偏移，地震時旋轉力施加於牆體，便會扭轉。

如果一樓底層架空或是店鋪，上層樓層是住宅，上層樓層的牆多又堅實，只有一樓顯得柔軟。如此一來，必須在一樓加入剪力牆補強。

大廈的界牆（party wall）多是從上層樓層延伸到下層樓層，這種牆可以視為剪力牆。若設計為剪力牆，之後無法破壞拆除，打通房間。

承重牆是指承重牆結構中支撐荷重的牆。承重牆也能承載地震力，但一般與框架結構的剪力牆區別稱呼。

剪力牆：框架結構中加入補強的牆
承重牆：承重牆結構中支撐荷重的牆

有時會混合使用兩者。

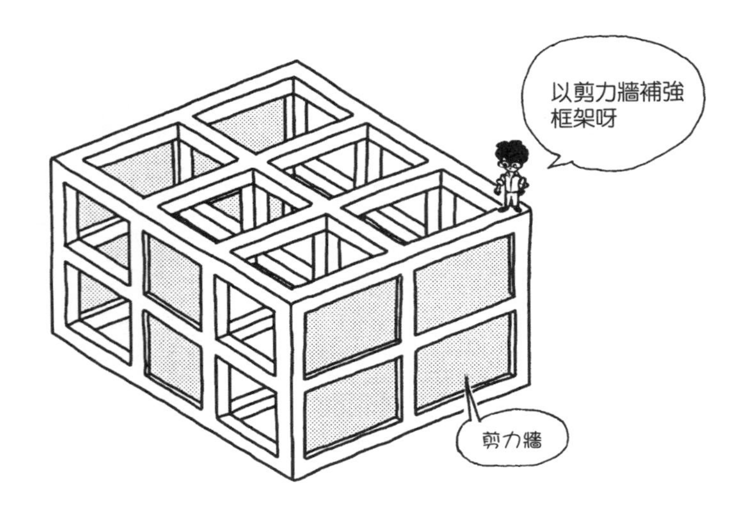

Q 剛性是什麼？

A 對於變形的抵抗程度。表示不易變形度、堅實度。

建築中常有所謂**面剛性**（surface stiffness）一詞。這是指面呈平行四邊形，不會彎折，抵抗變形的性質。剪力牆是讓柱和梁所圍起的面保持堅實的牆，抵抗變形。剪力牆可以提高面剛性。框架結構即使只有柱和梁都仍然有面剛性，但會再用牆來讓建物強固。

木造和鋼骨造也會使用面剛性一詞。在牆中加入斜撐（bracing），能夠提高面剛性。木造的地板遇到地震等情況時容易扭曲，以45度角放入角撐（horizontal angle brace），或者直接把合板釘在梁上，都可以提高面剛性。面剛性是2×4工法的作法，但傳統工法也會採用。鋼骨地板是在鋼筋中加入斜撐，以便打造面剛性。

除了剪力牆、承重牆，也請記住剛性和面剛性兩個詞彙。

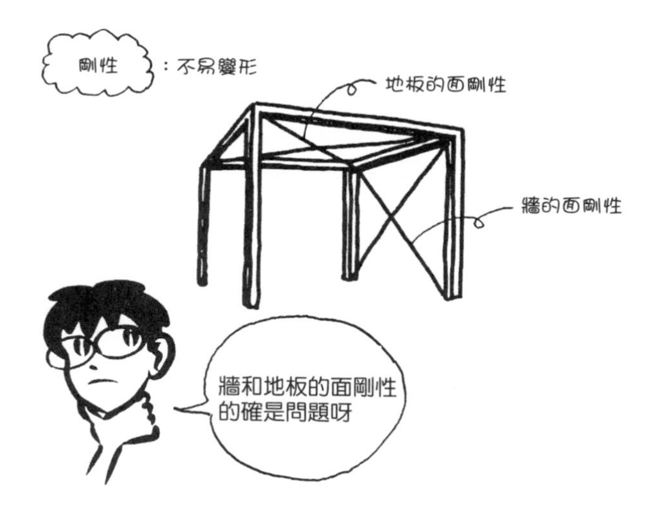

Q 耐震、隔震、減振有什麼不同？

▼

A 耐震（earthquake resistance）是為了可耐受地震的力，補強牆等。隔震（base isolation）是為了隔除地震的力，在基礎上鋪橡膠等。減振（vibration damping）是為了減抑地震的力，將錘往與地震的力相反的方向移動等的構造。

耐震＜隔震＜減振，這個順序顯示較確實有效、機械式對抗地震力的方式。雖然施加地震力的方法複雜多樣，但主要問題在於對抗水平力。

耐震的作法如前所述，包括設置剪力牆、補強柱梁接合部、增強柱的鋼筋等增加承重的方法。主要考量是讓牆更強固堅實。木造或鋼骨造加入斜撐補強，避免牆呈平行四邊形。

隔震是在基礎部分遮斷地盤（ground）與地盤上部並使其絕緣，防止地震力直接施加於建物。絕緣部分加入絕緣體（isolator）。絕緣體包括層積橡膠物，以及使用油壓的物品等。如果只用絕緣體無法減弱地震力，會裝上阻尼器（damper，減緩力的物品）。有些阻尼器是將鐵管製成螺旋狀等。

減振是機械式對抗地震力的方式。如果力施加於某個方向，錘往反方向移動的力，與之抵銷。

一般建物採用耐震，分戶共管式大廈或部分不動產建商住宅〔譯註：日本由不動產公司主持的建案〕等採用隔震，高層建築等採用減振。

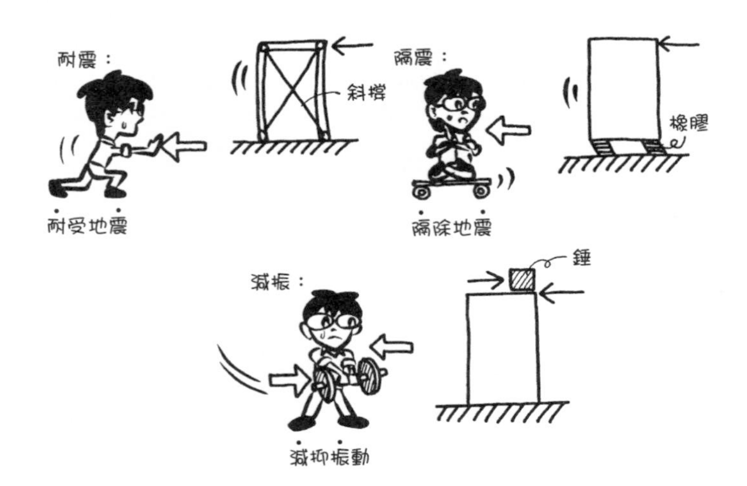

Q 拱肩牆是什麼？

▼

A 腰部高度的牆。

拱肩牆的日文寫作「腰壁」，如字面所述，係指腰部高度的牆。在RC牆中，有窗下的牆、外廊或外走廊的扶手牆等。

在室內裝修中，會區分為腰部部分和腰部以上的修飾。例如，腰部部分鋪貼木板，腰部以上是白牆等。髒污或損傷集中在腰部部分，所以腰部鋪貼木頭是合理的修飾方式。在這種情況下，日文也以**腰壁**來指稱腰部的修飾部分；鋪貼的板稱為**護牆板**（wainscot，日文寫作「腰板」）。

總之，無論是結構體或修飾部分，腰部高度的牆，日文都寫作「腰壁」。

窗下的拱肩牆是從牆的上方加入澆置預拌混凝土，是預拌混凝土不容易澆置均勻的部分。此外，拱肩牆與柱相交處，也是結構上會出現問題的地方。在施工上和結構上，拱肩牆都可說是重要的部分。

Q 垂壁是什麼？

▼

A 從上方垂下的牆。

垂壁（hanging partition wall）和前述的拱肩牆一樣，容易形成結構問題。如下圖，如果垂壁和拱肩牆直接裝置在柱上，柱只有正中央是柔軟的，反之上下都有牆，所以僅那些部分是堅實的。因為只有正中央柔軟，力集中，柱的柔軟部分容易損壞。這種稱為**短柱破壞**（short column failure）等的現象，常在學校建築等地方形成問題。

有垂壁和拱肩牆附在上面的柱，形同短柱，黏度會消失。這時必須在中間增加放入和服腰帶狀的鋼筋（箍筋〔hoop〕），讓柱與牆之間結構上產生狹縫（slit），大地震時不致損毀分離。

然而，不僅是RC的部分，以板或玻璃製成的簡易的牆，也稱為垂壁。這是指室內裝修中的垂壁。

火災時產生的煙是先往上升，再橫向移動。為了防止煙橫向移動，從天花板垂下逾50cm的防煙垂壁。為了避免廚房等處的煙移往其他房間，也會配置垂壁。

Q 翼牆是什麼？

▼

A 日文寫作「袖壁」，像袖子般，附在柱的兩邊的小型牆。

橫跨柱與柱之間的大型牆有耐震的效果，但看起來像稍微附在柱上的翼牆（wing wall），則視為**非結構牆**（non-structural wall）。非結構牆又稱**雜牆**（various wall）。雜牆包括拱肩牆、垂壁、翼牆等。

非結構牆就像前述的拱肩牆＋垂壁＝短柱一樣，翼牆也對結構有若干影響。有翼牆就可以讓柱不易倒塌。

袖通常是指附在和服兩腋之物，所以附在中央部分兩側的形狀，日文以袖來表述。例如，舞台的袖（wing）〔譯註：即舞台側面〕、袖柱〔譯註：四腳鳥居左右的小柱〕、袖廊（transept）〔譯註：教堂的十字形翼部〕、袖戶〔譯註：門旁的小門〕、袖鳥居〔譯註：神社入口的鳥居大門兩旁支撐軀體用的小型鳥居〕等。

Q 伸縮縫是什麼？

A 長形建物進行結構分割，讓振動、伸縮個別發生的接續方法。

expansion是膨脹之意，joint是接合處，expansion joint（伸縮縫）是即使膨脹也能有效避免的接合處。鐵路的線路接合處稍微留有間距，便是同樣的原理。為了避免鐵路因熱膨脹而彎曲上翹，留有縫隙，避免損壞。

地震時水平橫長的建物往不同方向搖晃，常造成重大損害。在建物中間區分隔開，讓各個部分個別發生搖晃。在接合部分，柱、梁、牆個別區分隔開，相通的廊道等以不鏽鋼板或橡膠等銜接，避免晃動傳導開來。

學校或醫院等集合多棟大樓的建物，大樓與大樓的接合處就是伸縮縫。此外，呈ㄈ型或L型的大型大廈，也會使用伸縮縫。

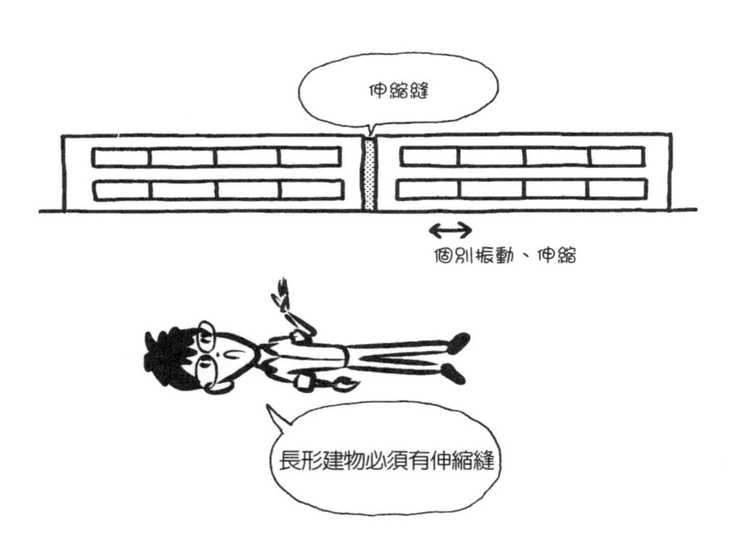

Q 懸臂板是什麼？

▼

A 沒有梁支撐而從梁或牆外伸的樓板。

通常單邊伸出（懸臂）時，必須有懸臂梁。如果沒有梁支撐而外伸，地板會有下落的危險。然而，外走廊或外廊、屋簷等小範圍外伸，只有樓板是可行的。這種外伸的樓板，稱為**懸臂板**（cantilever slab）。

1m的外走廊或外廊，若樓板厚度25cm，便可外伸。如果外側配置有排水坡（drainage slope），樓板厚度可縮小至20cm。根部厚、外側薄，在結構上和防雨處理上都是合理的。

若是屋簷，根部18cm，端部15cm。加上排水坡，根部較粗，結構才夠強固。

若是懸臂板，上下的鋼筋必須牢牢固定於梁或牆上。所謂固定，是鋼筋必須牢牢埋置，無法拔出。懸臂時的鋼筋，固定特別重要。如果拔出上側的鋼筋，樓板的根部會彎折。

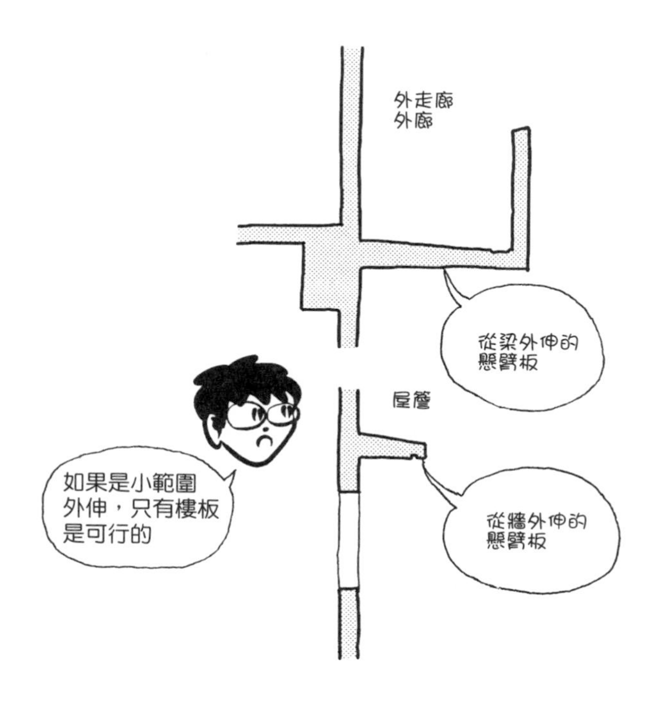

Q 在建物周圍地面鋪混凝土的方法有哪些？

▼

A 從建物本體外伸懸臂板的方法，以及取間距沿建物邊緣鋪混凝土的方法。

建物周圍的地面會鋪礫石或混凝土。這種細長部分稱為**犬走**。建造犬走的理由林林總總，包括避免雨水損傷建物、避免髒污、讓雨水容易從建物往外流出、方便進出建物等。

以混凝土建造犬走的方法有兩種。一是前述的懸臂板方法；另一種是取間距沿建物邊緣，把混凝土鋪在土的上面的方法。

若採用懸臂板，即使地面沉陷（settlement），犬走也不會下陷，因為有建物支撐。RC造的建物有打樁等，少有沉陷的情況。即使周圍的土沉陷，建物和突出的犬走仍不受影響。犬走外側的土沉陷，只是會讓犬走與土之間的高低差變大。

與結構無關、在土的上面鋪混凝土的方法，日文稱為「土間コンクリート」（土間混凝土）。因為鋪的混凝土像傳統民宅的土間（參見R040譯註），因而得名。

若採用土間混凝土，土沉陷，土間混凝土也會沉陷。如果建物本體與土間混凝土之間緊密相連，那個地方會形成裂縫。為了避免這種情況，建物與土間混凝土隔開2cm，在縫隙中填滿具彈性的瀝青製密封材（sealing material）等。如此一來，只有土間混凝土下陷，也不會產生裂縫。

即使土再夯實，總會因重量沉陷。因此，建造犬走時必須特別注意。

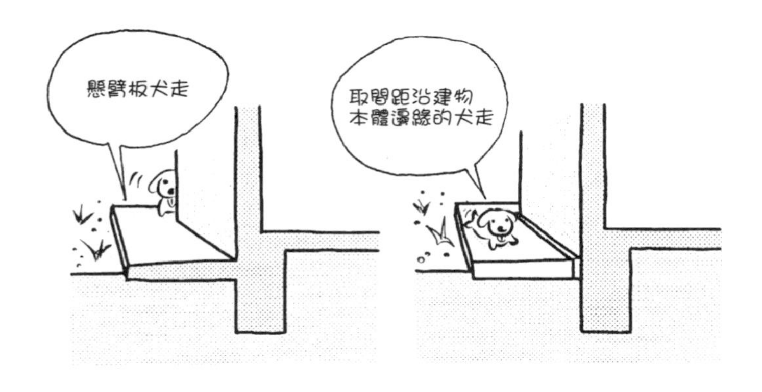

Q 格子板是什麼？

▼

A 附在格子狀的梁上、與梁成為一體的樓板。

格子板（waffle slab）形如格子鬆餅甜點，因而得名。梁一般有兩種，包括橫跨柱與柱之間的大梁，以及橫跨梁與梁之間的小梁，位置僅在樓板的端部或中央部分。格子板的梁呈格狀，與樓板成為一體，又稱**格構梁**（lattice girder）。此外，這類補強面所用的線材，也稱為**肋**（rib，肋骨）。

1960年代至1970年代，為了表現結構美，經常使用樓板與梁成為一體的格子板。不鋪天花板，以RC的結構軀體來表現優美的天花板。格子使用的形狀，包括正方形、斜45度正方形、正三角形等。

此外，梁是縮小分散的形狀，所以可以縮小格構梁的梁高，降低樓高。

因為天花板露出，照明規畫、空調風管（duct，輸送空氣的筒）和配線，都必須妥善隱藏。

格子鬆餅甜點的形狀，優點在於容易烹調、口感佳、便於淋上奶油或蜂蜜等。

Q 中空板是什麼？

▼

A 中空的部分等距間隔的樓板。

void是中空之意。這個字也有穿透的意思。製作厚樓板，樓板裡面等距間隔做成中空，便是中空板（void slab）。中空板比一般的樓板厚，中空與中空之間的部分，扮演小型梁的角色。這就像只有格子板單向肋的結構。如果樓板整體增厚，重量隨之增加。利用等距間隔中空，可以有肋的效果，同時減輕重量。

中空板的作法是，澆灌預拌混凝土之前，在模板上等距間隔排列紙製或薄鐵板製的圓筒，將鋼筋配置在圓筒之間的部分，以及上方和下方的部分，再澆置預拌混凝土。

格子板和中空板不需要一般的大型梁。因為是只有平板的樓板，又稱**平板結構**（plate structure）。

格子板和中空板都是平板結構，可以打造無梁、整齊流暢的天花板。

Q 鑽探是什麼？

▼

A 在地面上挖洞，調查地質等。

bore是孔、鑽孔之意。boring是鑽探的意思，與讓球滾動的bowling（保齡球）不同。

在地面上架設三腳架，吊掛機材，鑽挖直徑10cm的洞。鑽洞時挖出的土也絕不浪費，可以作為試料（sample）保存下來。圓筒形的土的試料，可以了解地底多少公尺的地方是哪種地層（stratum）。

挖掘石油或溫泉的挖洞，也稱為boring。雖然同樣是挖洞，但挖掘深度截然不同。建築調查的鑽探是數十公尺，溫泉或石油則挖掘超過1000m。

試料的形狀與蘋果等取出的核（core）相似，所以又稱**岩心**（core）或**鑽孔岩心**（boring core）。

橫放試料，分析地底幾公尺是哪種地層，歸納成**土質柱狀圖**（soil boring log）。土質柱狀圖也稱為鑽孔柱狀圖（boring log）或鑽孔圖。依照這個柱狀圖，進行基礎和樁的考量。鑽探不是僅在建地中的一處進行，而是在幾個地方。因為各個點可能有地層錯位的情況。

取出土之後的洞，可以用來測試地耐力（bearing capacity of soil）和測量地下水位等。既然已經鑽孔，就該充分有效利用。

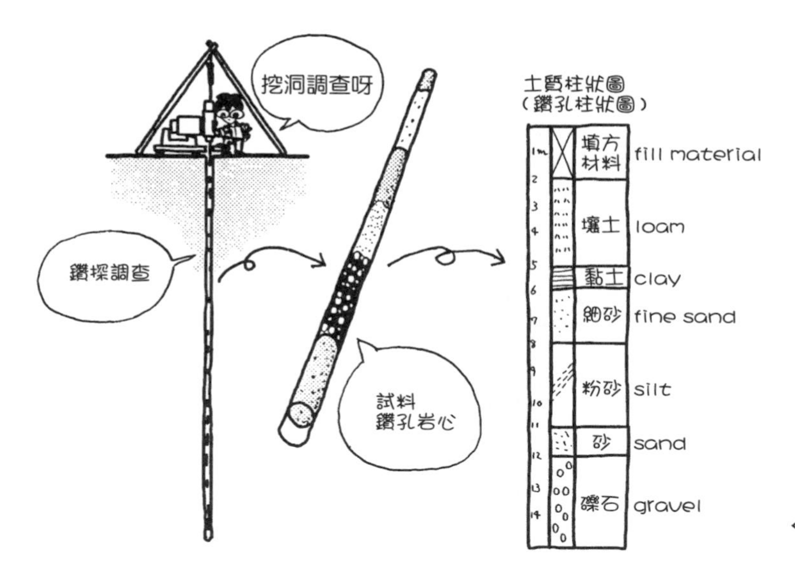

Q 標準貫入試驗的原理是什麼？

▼

A 從上方打擊土，調查打擊幾次之後才會打入一定深度（貫入），根據所得打擊數來判斷地盤的硬度和耐力。打擊數多表示地盤硬，打擊數少表示地盤軟。

如下圖，在木頭上釘釘子時，若打擊力相同，釘入1cm只需打擊3次的木頭，以及必須打擊10次的木頭，兩者相較，可以判斷打擊10次的木頭比較硬。

若釘釘子的力相同（標準化）、釘入釘子（貫入）深度統一，無論在任何地方、由任何人來進行都會呈現同樣的試驗效果。反覆進行實驗，就可能以打擊釘子的次數來表示木頭的耐力值。

標準貫入試驗（standard penetration test）也是一樣的道理，以相同的力打擊土，測量貫入相同深度所需的打擊數。具體而言，是測量63.5kg的落錘從75cm高度落下貫入30cm所需的打擊數。

在實驗室替換土的種類進行同樣的試驗，可以得出哪種土所需打擊數的地耐力大小的平均數。實際進行鑽探調查，調查打擊數，調查土的種類，便能推測出地耐力大小。

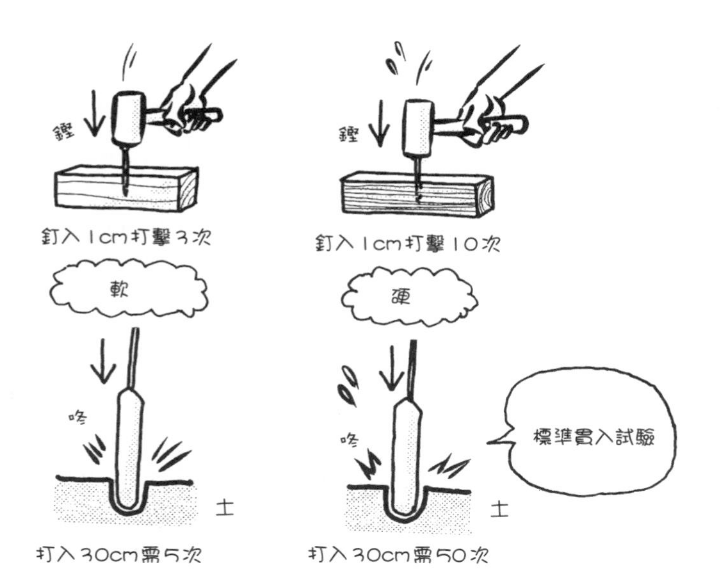

Q N值是什麼？

▼

A 標準貫入試驗中落錘貫入至規定值（30cm）所需的打擊數。

鑽探是以約1m大小的間隔進行挖掘。從各地點採集土樣，然後進行標準貫入試驗，測量落錘貫入30cm的打擊數。這個打擊數稱為N值。

標準貫入試驗完成後，再挖掘1m採集土樣，進行標準貫入試驗。依照這樣的順序，反覆進行。

測量各地點的N值，最後繪製圖表為土質柱狀圖（鑽孔柱狀圖）。只要檢視這張圖表，深度多少時的地盤硬度大小，一目了然。

中層RC造建物，通常以N值約30～50作為承載地盤（bearing ground）。打樁至（建到）該地層。柱下打樁，由樁支撐柱，支撐建物。即使承載地盤更上方的土沉陷，建物仍然建造在原來的位置。

舉例來說，雖然地底10m處的N值＝30，仍是偏軟，地層也薄，30m處的N值＝50的厚地層，就可以考量以該處作為承載地盤。

如果輕忽這項地盤調查就建造建物，即使在地上建造再豪華的建物，也會立刻瓦解倒塌。雖然地盤調查和基礎工程無法從外觀看出，卻是建築最重要的部分。

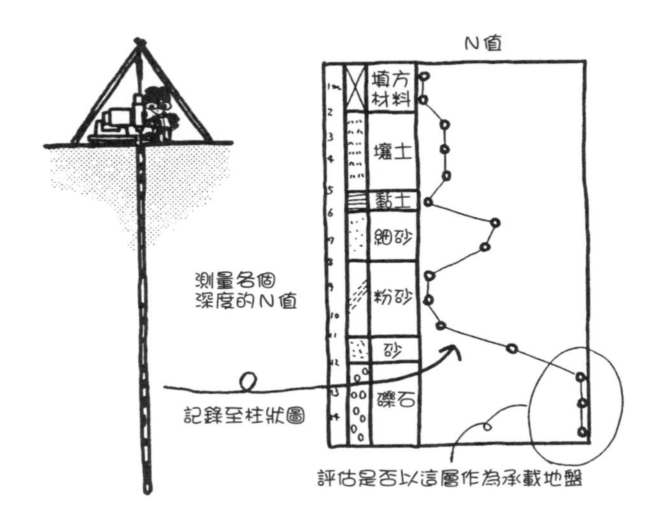

Q 瑞典式貫入試驗的原理是什麼？

▼

A 將螺旋狀物（螺旋鑽頭〔screw point〕）鑽入土中，根據產生的抵抗力來推定地耐力的方法。

如下圖，把木鑽鑽入木頭中時，可以輕鬆鑽入的是軟質木，需要使力的是硬質木。同樣地，土的情況相同，輕鬆鑽入的是軟質土，需要用力的是硬質土。

進行試驗時，必須以相同的力鑽入。人的力量偏差太大，無法用來試驗。因此，裝上相同的砝碼來做比較。具體作法是，裝上100kg重的砝碼鑽入，計算貫入25cm的旋轉數。因為以相同的力鑽入，旋轉數多表示硬度高。

在實驗室中，以相同條件鑽入不同地質，了解哪種地質的旋轉數是多少，就能事先做出N值大小的數值表。將實驗室得出的旋轉數與實際現場的旋轉數比較，可以推算現場的N值。

正確地說，旋轉數是以半旋轉的次數來計算。旋轉1.5次，以3次計算；旋轉5次，以10次計算。接著，以半旋轉數來推想N值。

瑞典式貫入試驗（Swedish penetration test）有手動操作和機械操作。這種試驗用於木造或輕量低層RC造、S造等深至10m的淺層地盤調查。因為調查方式簡便且成本低廉，所以多用於住宅等。

之所以叫作瑞典式，是因為瑞典國營鐵路採用這種方式進行地盤調查，後來廣獲使用。瑞典式貫入試驗又稱**瑞典式錘測試驗**（Swedish sounding test）。錘測（sounding）是指進行打擊、旋轉的試驗。標準貫入試驗也是錘測的一種。

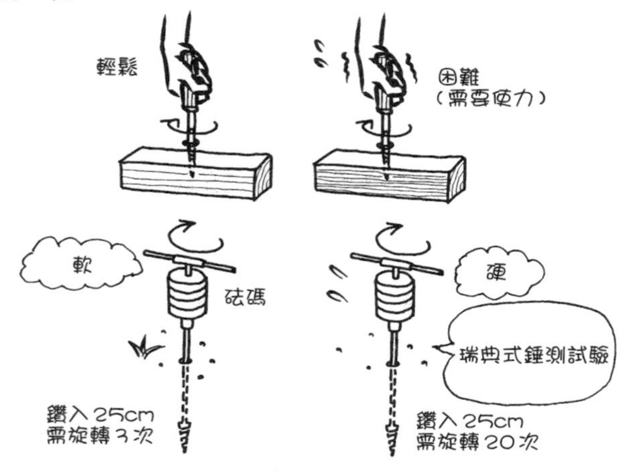

Q 平板載重試驗的原理是什麼？

A 施重於平的板子（平板）上，以土的陷落程度來推算地耐力的方法。

因為直接施重於土上，平板載重試驗（plate bearing test）是最直接又確實的試驗方法。但缺點是深的地方不容易進行，也不易測量各個深度等，所以必須併用其他試驗方法。

試驗用的平板是標準化的鋼板，直徑30cm，厚度2.5cm以上。如果每次試驗都逕行改變板的大小，就無法進行比較。

試驗是施重於平板上，再將施重換算成每1㎡的重量。只要知道每1㎡能夠耐重幾t（或說幾N），以建物基礎面積倍數換算這個值，便能推想建物整體的重量在幾t以內，地盤可以耐重而不會下陷。

把重量和下陷量製成圖表，然後在安全考量下，推斷地耐力。重量增加，下陷可能性也增加，達到某個重量以後就會開始下陷，無法恢復原狀；如果再增加重量，便會逐漸下陷。開始下陷之前的極限重量的1/3，即為地耐力的基準。

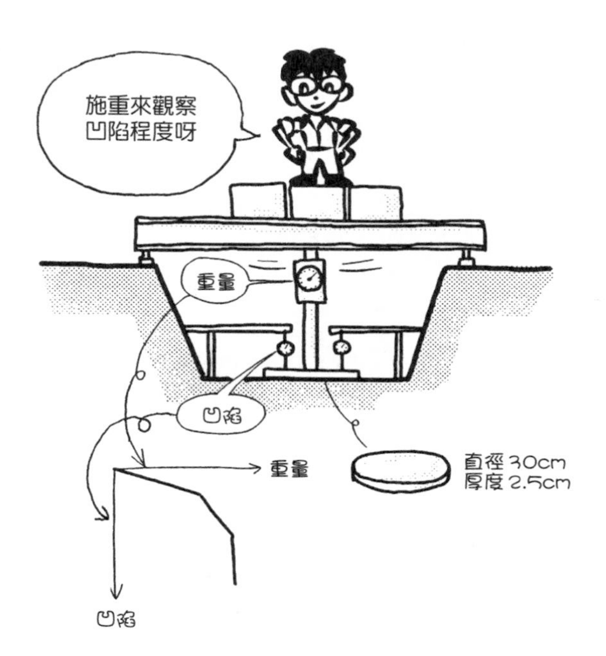

Q 卵礫石層是什麼？

A 聚集一定大小以上粒徑（particle size，粒的直徑）的石頭的地層。

礫石是粒徑2mm以上的石子，卵礫石層（gravel formation）是隨處露出石子、滿是這類石子的地層。這個地層會露出礫石或大顆鵝卵石（cobble）等，多位於過去曾是乾河床等處，即使用挖土機挖掘，因為滿是石子，不容易進行。

10～20m厚的卵礫石層，對建物的維持力（地耐力）大，是絕佳的地盤。曾是河川的地層通常土質疏鬆，多半不適合作為建物的地盤，但礫石或石頭堆積而成的卵礫石層，反而成為良好的地盤。總之，地盤調查是必要的。

石或土的粒徑大小順序分類如下：

礫石＞砂＞粉砂＞黏土

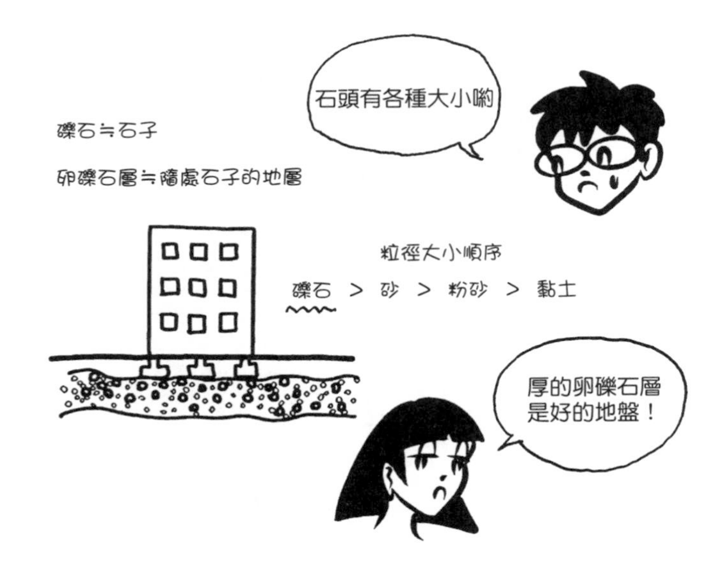

Q 硬盤是什麼？

▼

A 經年累月形成的堅硬密實（compaction）的土層。

硬土是尚未到達岩層，但具有約與岩石相近硬度的土。硬盤（hardpan）加上「盤」字，是因為具有約與岩盤（bedrock）相近的耐力。

沖積層（alluvium）下方（前一時期）的洪積層（diluvium）的硬質黏土層（hard clay formation）、泥岩層（mudrock formation）等，都是硬盤。

考量建物的地盤時，不需要如地質學般縝密正確地分類，而是以耐力、硬度、顆粒大小等來分類。地耐力大小順序大致如下：

岩盤＞卵礫石層＞硬盤

Q 壤土層是什麼？

▼

A 火山灰堆積而成的地層。

火山噴發產生的灰堆積，經年累月愈來愈堅實，便形成壤土層（loam formation）。台地或丘陵地上堆積的紅土，就是壤土層。

日本關東地區的壤土層，是富士山、淺間山、赤城山等火山灰堆積而成的地層。挖掘地面時出現紅土，原因就在於此，壤土層作為木造住宅的地盤具有足夠的地耐力。如果是RC造三層建物的規格，即使沒有打樁，仍然能夠建造。

Q 沖積層與洪積層哪一個在上方？

A 沖積層。

沖積層是兩萬年前開始形成的新地層。

日本的平原大部分是從沖積層形成的。這是藉由河川等搬運的土或泥所堆積形成的地層，通常較軟弱。

在地質學上，沖積層屬於**全新世層序**（Holocene sequence）；而在建築、土木領域，沖積層則多指軟弱地盤（soft ground）。

另一方面，洪積層是兩百萬年前至兩萬年前形成的地層，很堅硬緊實。

Q 沖積層與洪積層哪一個比較堅硬強固？

▼

A 洪積層。

洪積層是較古老的地層，為密實堅固的地盤。

〔超級記憶術〕

高中生 比 中學生 強！
洪積層　　沖積層

Q 三角洲是什麼？

▼

A 土砂堆積在河口附近形成的近三角形的土地。

河口呈扇形擴展，中間土砂聚積形成的三角形土地，就是三角洲（delta）。delta area（三角洲地帶）狹義就是指三角洲。大河的任何部分都能形成三角洲。孟加拉就是恆河的三角洲地帶。因為三角洲是在河口形成的，洪患危險性高，每年雪融水流季節，都會遭到洪水侵襲。

不僅有洪水的危險，三角洲的地盤也軟弱，所以建造建物時必須留意。即使是木造，多半也需要打樁。

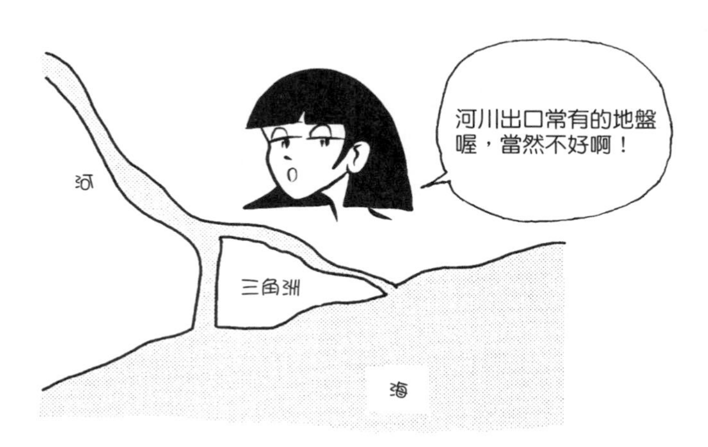

Q 扇形地是什麼？

▼

A 河川從山往平地流出的部分，土砂堆積形成的扇狀地形。

雖然扇形地（fan）的地盤通常良好，但必須注意在山之間的山谷出口易有水害。

Q 台地是什麼？

▼

A 桌狀的地形。

火山灰堆積形成壤土層，整體呈台狀（桌狀）的地形，就是台地（tableland）。

因為台地地盤高，排水、日照、通風良好，而且即使建造木造住宅也有足夠的地耐力，適合作為住宅地。日本的地名若是〇〇台，多是良好的台地，相較於〇〇溝、〇〇澤等地名的地方，多半比較不需擔心洪水。

此外，日本還有武藏野台地、相模台地、大宮台地等加上固有名稱的台地。

Q 填土和挖土是什麼？

▼

A 形成坡地時，新填上土為填土（filling），挖取坡地為挖土（cutting）。

挖土是挖取原有的土，那些土長時間承重，非常堅實。另一方面，填土是後來填上的，並不堅實。每次填土都必須讓土密實。

填土有容易沉陷的性質，挖土則有不易沉陷的性質。如果在兩方上建造建物，一邊會大幅下陷，另一邊則小幅下陷。因為沉陷量不同，建物會傾斜。這種現象稱為**差異沉陷**（differential settlement）。

一般來說，填土造地比較危險。此外，必須特別注意支撐土的牆（擋土牆〔retaining wall〕）的耐力和防水等。

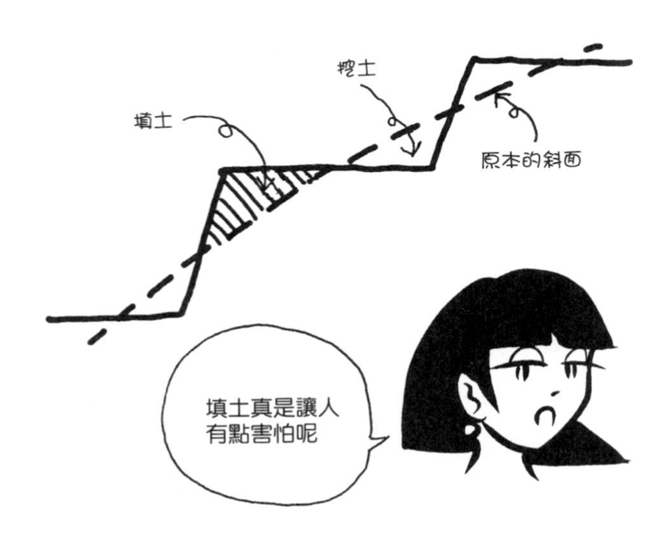

Q 建物下方地底的柱狀結構物叫作什麼？

▼

A 叫作樁。

樁是基礎的一種，在軟弱地盤上建造重型建物時會用到樁。在各根柱的下方，打樁達到硬地盤。這就像幫建物穿上木屐一樣。

打樁使建物不會下陷。雖然基礎置入土中看不到，卻是建物最重要的部分，而且造價昂貴。

鋼骨造（S造）、木造（W造）等，也必須在軟弱地盤上打樁。建物愈重，土愈軟，樁愈重要。

樁就像電線桿一樣，事先完成的現成品運到現場澆灌的是**預製樁**（precast pile），在現場澆置混凝土的是**場鑄混凝土樁**（cast-in-place concrete pile）。預製樁必須經過搬運，所以直徑為50～60cm，只比電線桿略粗。場鑄混凝土樁多是直徑1m以上的大型樁。簡言之，兩者的不同點在於是否為現成品。

Q 樁可以根據支撐方法分為哪兩類？

▼

A 支承樁（bearing pile）和摩擦樁（friction pile）。

樁延伸至硬地層，藉由地層支承來支撐的是支承樁。如果淺層沒有硬地層，或者在硬度不足但有某種程度強度的地層，藉由樁周圍的摩擦來支撐的是摩擦樁。摩擦樁中，為了增加摩擦力，有時會在樁周圍加上樁節（pile segment）。

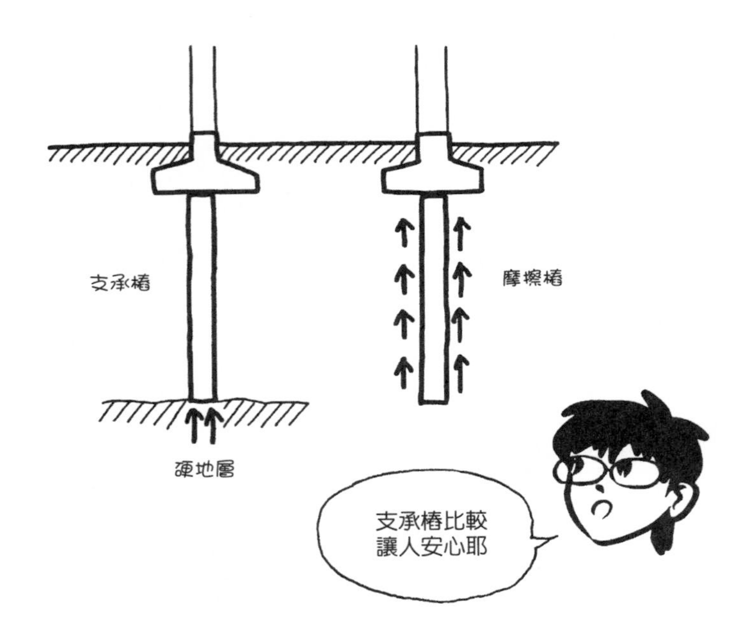

Q 設置在柱下或牆下的基礎中，下方為擴展狀的基礎叫作什麼？

▼

A 叫作基腳基礎（footing foundation）。

基腳基礎也稱為基腳。foot是腳，基腳就像腳一樣，底部擴展，避免陷落地面。

底面廣，就能分散重量，防止沉陷。舉例來說，高跟鞋的鞋跟是尖的，重量會集中在鞋跟，如果走在軟質土上，高跟鞋會陷入土中。所以走在軟質土上，最好穿鞋底平坦的運動鞋。建物也是同樣的道理，底面寬，容易支撐建物的重量。

基腳基礎通常設置在柱下。此外，也會在柱與柱之間延長基腳基礎。低層的RC或鋼骨等的輕型建物，有時只以基腳基礎支撐。當然，這種作法在軟質土上不可行。

有時會在基腳基礎下再加上樁。此外，木造也經常使用基腳基礎。因為木造輕，只在牆下加入基腳基礎，便大致足以支撐。

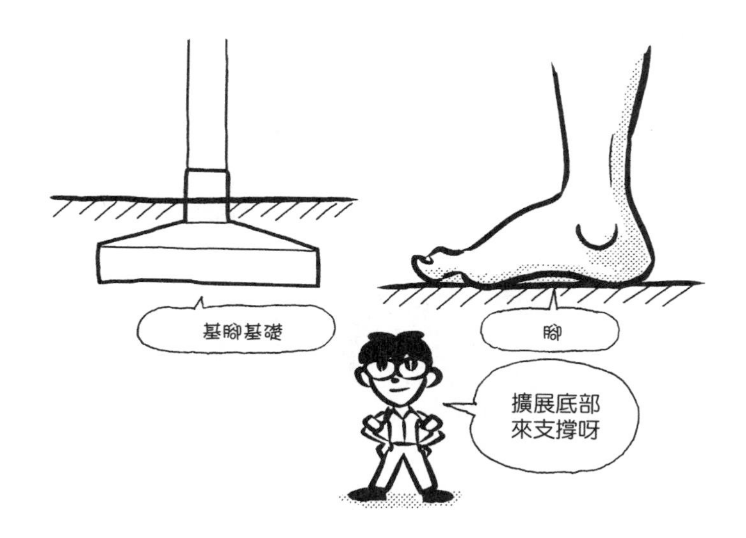

Q 以做成底面整體的RC樓板來支撐的基礎叫作什麼？

▼

A 叫作蓆式基礎（mat foundation，亦稱筏式基礎〔raft foundation〕）。

整面澆置混凝土，日文以「べた」（整面）來表述，底面整體做成RC樓板，藉以支撐的方式，日文稱為「べた基礎」，中文叫作**蓆式基礎**。

底面比基腳基礎更寬廣，所以重量分散至整體。蓆式基礎下再打樁也是很常見的作法。

蓆式基礎和基腳基礎一樣，也用於鋼骨造（S造）、木造（W造）。阪神淡路大地震後，日本的木造也開始積極採用蓆式基礎。

一般是上方施加荷重於樓板，但基礎樓板還有下方的土施加的向上的上推力。鋼筋的固定也是，與一般的樓板相反，基礎樓板的情況是向上彎折固定。

Q 蓆式基礎中承受土的力的底面樓板叫作什麼？

A 叫作耐壓板。

「耐」受土的「壓」力的「板」，所以稱為**耐壓板**。柱或牆傳遞的建物總荷重會傳至底面。把這個總荷重分散至底面整體的，就是耐壓板。

建物的重量從建物施加於土上。反之，土會施加對重量的斥力（repulsion，反作用力〔reaction force〕）及支撐建物的力於建物上。重量與支撐力相應，建物就不會陷落地面，靜止不動。

如果是軟質土，無法產生大的支撐力。使用耐壓板分散重量，土的反作用力小仍足以支撐。這與運動鞋不像高跟鞋那樣容易陷落地面是同樣的道理。

即使二、三樓的RC造建物，耐壓板的厚度也需要30～40cm。

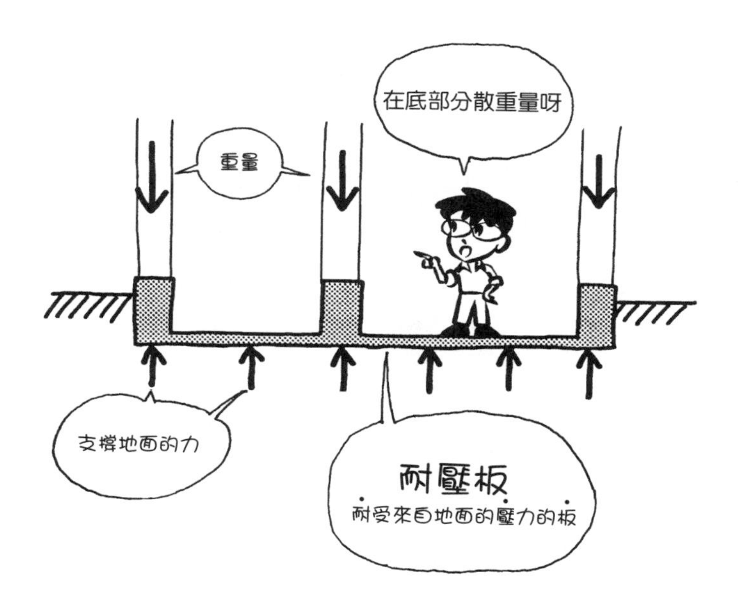

Q 粗石是什麼？

▼

A 鋪在基礎的混凝土或土間混凝土下的石頭。

粗石（rubble）是長約20cm、寬約10cm的石頭。把稍大的石頭敲成鵝卵石大小的石頭，也稱粗石。

有時不用粗石，而使用更大顆的碎石（crushered stone）。碎石是把岩石碎成小塊的人造石。

粗石是直立插入土中。這種方式稱為**尖端（小截面）站立**（small-end up）。進行夯實時，把粗石插入土中，牢牢塞住。這樣基礎就會安定。

鋪上粗石後，上面再覆上礫石。這種方式稱為**填方礫石**（filling gravel）。以礫石填滿粗石的縫隙，讓整體填平。再用稱為夯土機（rammer）的機器，從上方打擊夯實。這些措施是為了建造基礎或土間混凝土做準備。

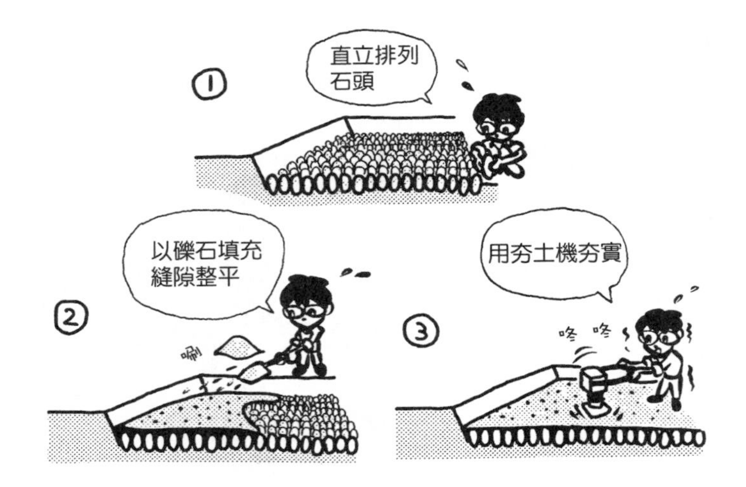

Q 未篩礫石（未篩碎石）是什麼？

A 聚集0～40mm範圍的大小碎石的礫石。

碎石是用粉碎機（crusher）粉碎岩石做成的礫石。這些碎石過篩後，篩除一定大小以上的石頭，就是稱為**未篩礫石**（unscreened gravel）的碎石，亦稱未篩碎石。未篩碎石混雜著從像砂一樣的小粒碎石到大的碎石。因為是用粉碎機做成的礫石，也稱為**機軋碎石**（crusher-run stone）。

如果以40mm的篩孔過篩，能夠篩出0～40mm的碎石。0～40mm的碎石寫作C-40或crusher run 40～0等。覆在粗石上的礫石，就是使用這種C-40大小的未篩礫石。要填入粗石的縫隙，必須用到大大小小的礫石。如果只有大礫石，無法填滿縫隙。此外，道路瀝青的基礎等，也多半使用未篩礫石。

過篩後留下的40mm以上的碎石，再過篩做出50mm的碎石或200mm的碎石等。這種作法是概略統一碎石的大小，用法與未篩礫石不同。200mm的碎石也作為粗石使用。

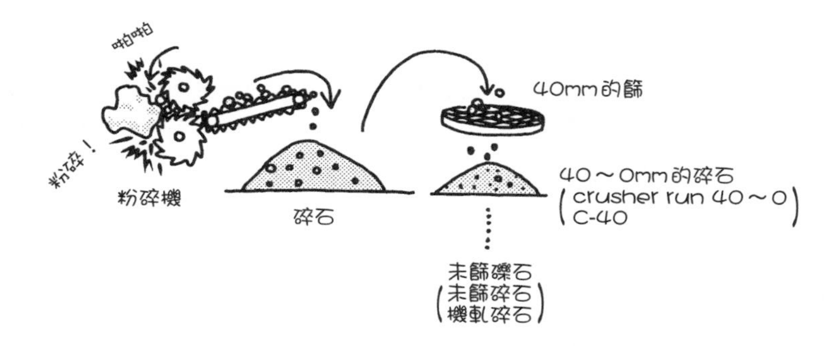

Q 打底混凝土是什麼？

▼

A 在粗石上澆置5cm的厚度，進行軀體工程準備之用的混凝土。

直接在土上建造結構軀體，會產生各種不利的情況，包括重量不易傳遞至土中、預拌混凝土滲入土裡、鋼筋必須在土上組裝、無法標線等。

因此，在土上鋪粗石，覆以未篩礫石夯實。上面再澆置稱為**打底混凝土**（blinding concrete）的混凝土。打底混凝土與混凝土的成分相同，但有時水分較少。

之所以稱為「打底」，因為是會成為基礎的混凝土。

澆置打底混凝土的原因是，必須先做出水平的面。有了堅實的水平面，上方工程就能輕鬆進行。在凹凸不平的粗石上施工，作業困難。因為這樣的混凝土有調整水平高度、調整高程（level）的含意，所以又稱**整平混凝土**（levelling concrete）。

打底混凝土凝固後，施作**墨線標記**（chalk line marking）。在打底混凝土上以墨線引線，確定柱、牆、梁的位置等。

組裝鋼筋也在打底混凝土上進行。打底混凝土是堅實的水平面，所以能夠輕鬆地水平配置鋼筋。這樣也能確保打底混凝土的保護層厚度（cover thickness，R122），以及間隔物（spacer）確實置於打底混凝土上。保護層只計算到打底混凝土表面，打底混凝土的厚度不計入保護層。

如果有打底混凝土，組立模板也很輕鬆。鋼筋和模板工程完成後，澆灌預拌混凝土，便做好初步的RC軀體。不過，粗石、打底混凝土不是軀體，終究只是建造軀體之前的準備階段。

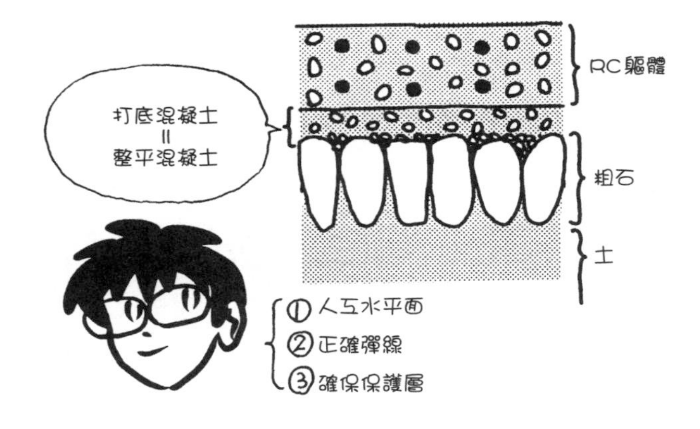

Q 大廈等地方在耐壓板上方建造一樓的樓板形成雙重樓板，有什麼優點？

▼

A 由於RC樓板成為雙重，濕氣就不容易上升。此外，地板下可以作為人得以走動的空間，方便維修供排水管等配管。

在耐壓板上方預留基礎梁高度的空間製作一樓的樓板，RC樓板成為雙重，變成雙重樓板（double slab）。樓板成為雙重，濕氣不容易上升。如果RC樓板下方就是土，濕氣會透入。

廁所的排水管等，多半在樓板下方配管。如果故障，而配管在土中，修理非常麻煩。若是雙重樓板，遇到這樣的問題時，如果人能夠進入，就很方便修理。這種情況會在基礎梁等處做出60cm見方的出入口。

建在地下、設備配管通過的小空間，也稱為**地下坑室**（below grade pit）等。pit是洞、凹地的意思，但在建築中是指設備用的空間或溝。

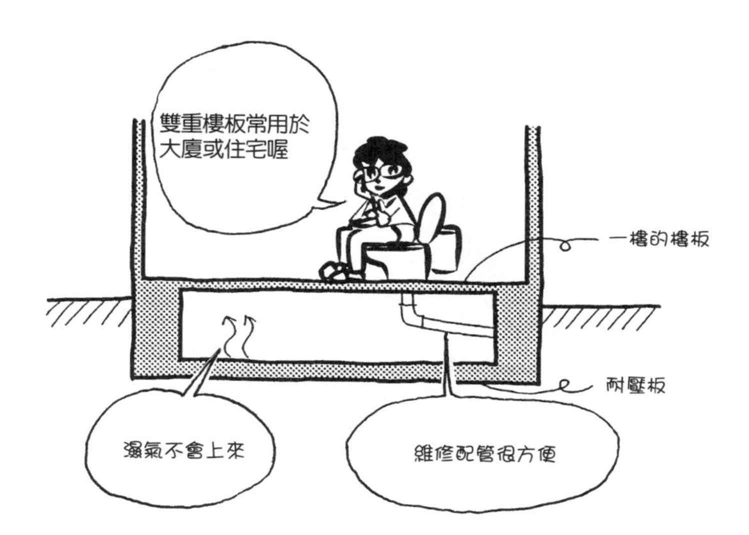

Q 地下室中在RC牆內側建造混凝土磚的牆形成雙重牆，有什麼優點呢？

A 能夠讓滲入的地下水向下流，不會進入室內。

土含有大量的水。地下水位高、接近地表時，含有更大量的水。這些水會從RC牆滲入。此外，颱風等大雨時，地下也容易滲水。

為了防止這些水進入房間內側，所以做成雙重牆（double wall）。雙重牆之間的空間，有讓水向下滴落的作用。當然，也能防止濕氣滲入。

雙重牆的內側牆通常是以混凝土磚建造，有時以耐水性板等簡易建造。

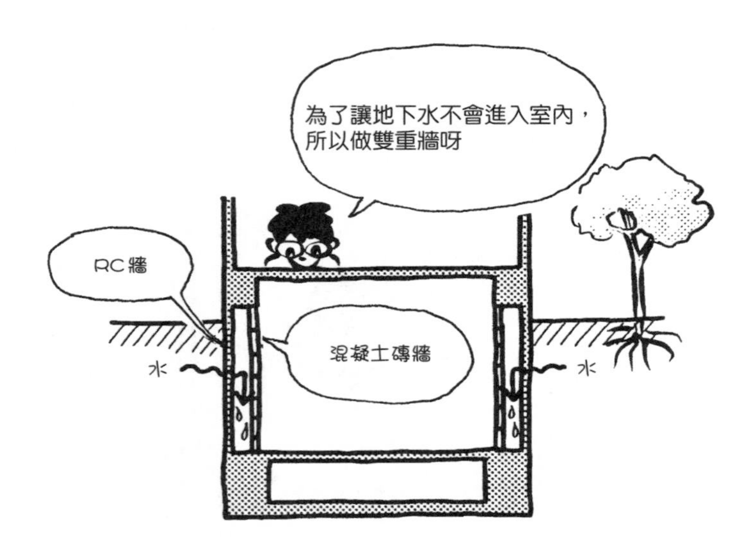

Q 地下坑室中集水的凹地叫作什麼？

▼

A 叫作集水坑（sump pit）。

從雙重牆落下的水進入地下坑室，再流入有坡度的溝等，最後集中到稱為集水坑的凹地。集水坑中放入兩台水中泵浦，輪流運轉，把水抽到外面。

水中泵浦完全泡在水中，是抽水用的泵浦。放入兩台泵浦的原因是，即使一台故障，還是能把水抽到外面。

集水坑的日文寫作「釜場」，「釜場」原意是放置「炊く釜」（烹飪鍋）的場所，但因坑洞的形狀似釜而得名。順帶一提，日本公共澡堂中的釜場，指的是放置燒熱水用鍋爐的鍋爐室（boiler room）。

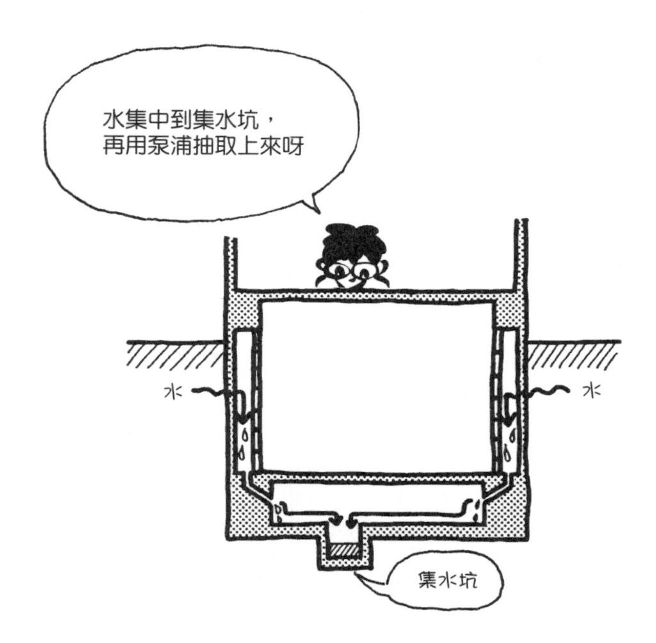

Q 採光井是什麼？

▼

A 為了地下室設計的採光、換氣、搬入等用的乾壕。

採光井的英文是dry area，直譯為乾的區域。這是為了地下室而設計，設置在外牆前的洞或壕，日文又稱其為**空堀**。

如果把房間建造在地下，周圍都是土，不僅漆黑，空氣也無法進入。若是像餐飲店之類的地方，即使能以人工照明或機械強制換氣等來解決問題，卻不利健康。日本法規規定住宅的房間不可無窗。如果建造採光井，就能導入光和空氣。

如果把機房建造在地下，要搬入機械就成了問題。若樓梯無法讓大型機械搬入通過而形成問題，可以在機房前設置採光井，做大型門扇；然後用吊車從上方把機械吊下至採光井，再搬入機房。

有時會設置稱為格柵蓋板（grating）的網狀金屬物件，來蓋住採光井的洞室。格柵蓋板不僅能夠乘載人車，也兼具採光和換氣的功能。

採光井也會成為地下室往外的避難路徑。因此，採光井中會設置通往地面上的室外樓梯。

Q 電梯機坑是什麼？

A 在底樓的電梯升降機井（elevator shaft，升降路〔hoistway〕）設置的坑狀空間。

pit是坑洞的意思。elevator pit（電梯機坑）是為了電梯而設置的坑洞。

舉例來說，電梯從一樓開始上升。如果升降路在與一樓地板相同位置的地方停下，電梯不會停在一樓。箇中原因是電梯梯廂（car）的地板有厚度，地板下裝置機械。再者，降下的電梯不能突然停止，需經過某種程度的運轉，也必須有落下時的緩衝裝置。

因此，升降路向地面下延伸。這個延伸部分的升降路，稱為電梯機坑。

電梯梯廂上下移動的升降路垂直坑洞，稱為**升降機井**或**電梯升降機井**。shaft有柱狀之意，也指像井一樣的直立坑洞。電梯升降機井底部、底樓地板的下方，稱為電梯機坑。

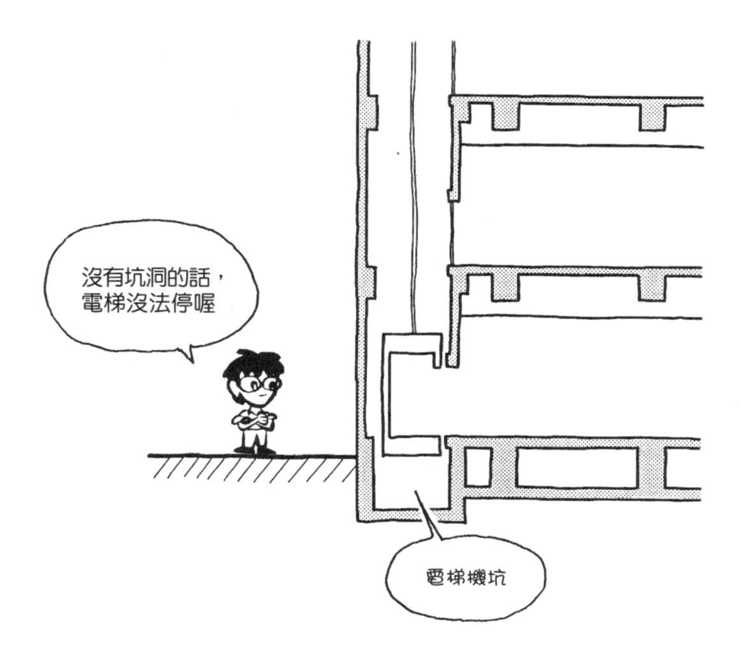

Q 電梯升降路頂部尺寸的計算範圍是哪裡？

▼

A 從頂樓地板到升降路上部樓板下端的距離。

電梯梯廂上部有懸吊用的結構材或機械。如果升降路上方的樓板設置在與屋頂上樓板相同的位置，頂部會撞到。電梯停下前也必須經過運轉。

因此，必須規定升降路頂部（overhead）尺寸。為了確保升降路頂部尺寸，電梯機房的樓板要比屋頂上樓板更高。因此，如下圖所示，機房的結構成為略顯複雜的構架。

升降路頂部尺寸會刊載於電梯製造商的型錄。此外，懸吊電梯梯廂的結構材到樓板下的尺寸、機房的地板到梁下的尺寸，也都有規定。設計者必須配合型錄上的數值，進行升降路和機房的設計。

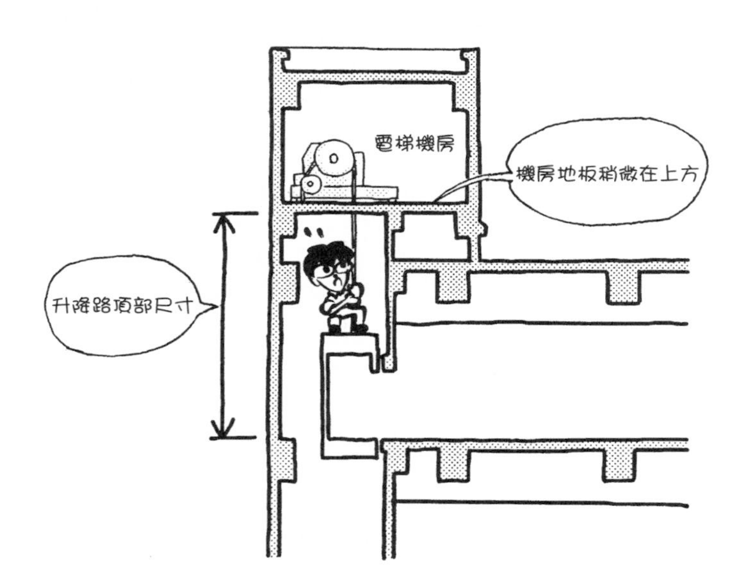

Q 表面有竹節的鋼筋叫作什麼？

▼

A 叫作竹節鋼筋（deformed bar）。

光滑的鋼筋稱為**圓鋼筋**（round bar）。表面做成凹凸的是**竹節鋼筋**。

現在多半使用竹節鋼筋。由於表面凹凸，容易與混凝土緊密附著而一體化，對拔除的抵抗力強。

圓鋼筋的斷面是圓形，10mm的圓鋼筋就是指直徑10mm。所謂直徑10mm，以寫作10 ϕ 的符號表示。ϕ 是直徑之意。雖然日本工地現場有時誤稱 ϕ 為「pai」，但正確唸法是「fai」。

竹節鋼筋的斷面不是圓形。於是取與直徑10mm的圓幾乎相同斷面積的含意，以D10來表示竹節鋼筋的規格。D10是指直徑約10mm的竹節鋼筋。D10的斷面積與直徑10mm的圓面積幾乎相同。

竹節鋼筋→D10
圓鋼筋　→ 10 ϕ

請記住這些符號。此外，使用細鋼筋的地方常可見D10符號。

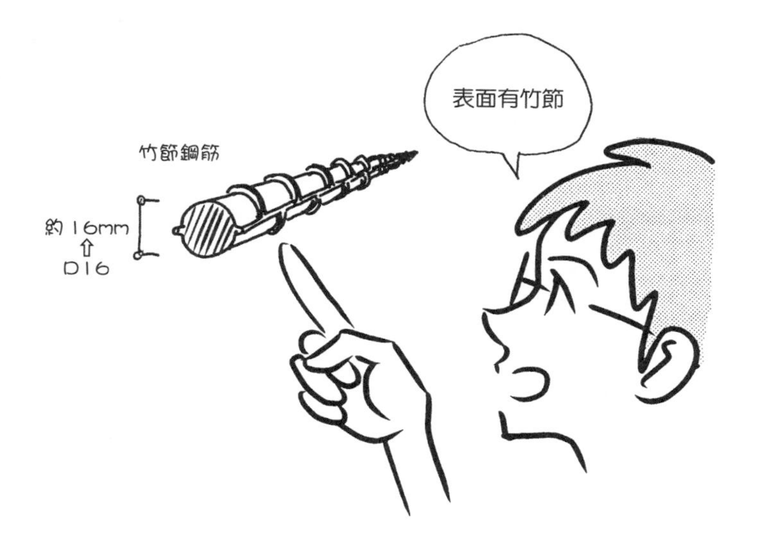

Q 放入柱、梁的軸方向的鋼筋叫作什麼？

▼

A 叫作主筋（main reinforcement）。梁上方的主筋又稱**上層鋼筋**（top reinforcement），下方的主筋又稱**下層鋼筋**（bottom reinforcement）。

如字面所述，主筋是成為主要的（main）、主力的鋼筋，貫穿放入柱、梁的軸方向（axial direction）、長方向。

主筋可以抵抗張力和折彎力。如果沒有放入主筋，混凝土容易損壞。

柱主筋至少四隅必須各放入一根，合計四根。即使是二、三樓建物的柱，各邊也各需放入三根D20大小的鋼筋，合計八根。

梁的上層鋼筋與下層鋼筋分開時，中間也會在軸方向放入鋼筋。主筋中間放入的鋼筋，如放入腹部之意，所以稱為**腹板鋼筋**（web reinforcement）。

上層鋼筋和下層鋼筋的數量，依結構計算而異。有時上層鋼筋較多，有時下層鋼筋較多，各有不同情況。

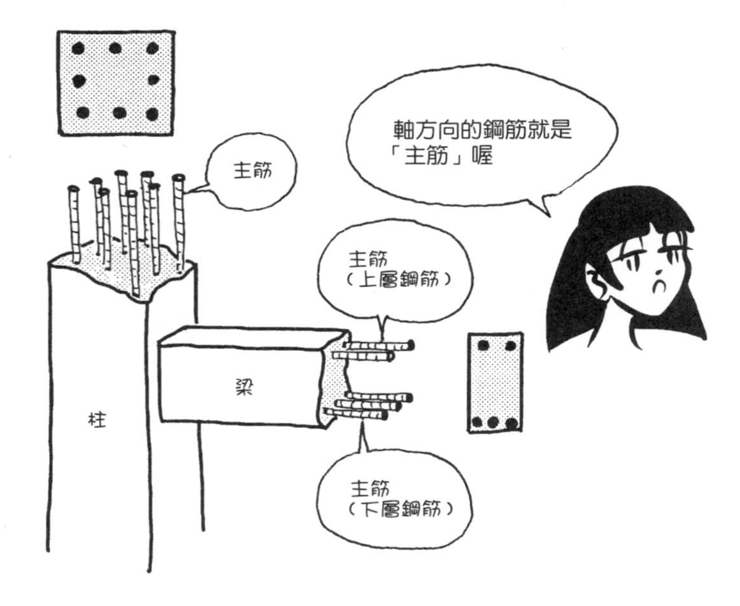

Q 環繞柱主筋周圍的鋼筋叫作什麼？

A 叫作箍筋（hoop）。

由於環繞為和服腰帶狀，箍筋的日文寫作「帶筋」。箍筋的英文是hoop。hoop是環、箍（酒桶桶箍、木桶桶箍）之意。

箍筋可以抵抗橫向施加於柱、使其偏移變形為平行四邊形的力（剪力〔shearing force〕）。此外，箍筋有防止箍筋內部的混凝土在大地震時橫向飛散的效果，也有增加柱的黏度的效果。

箍筋多半使用D10的竹節鋼筋，以10cm以下的間隔放入。

環繞梁的鋼筋另有名稱，請先記住箍筋這個名詞即可。

Q 螺旋箍筋是什麼?

▼

A 螺旋狀的箍筋。

spiral是螺旋之意。spiral hoop(螺旋箍筋)是纏繞成螺旋狀的箍筋。

由於螺旋箍筋是一圈圈捲繞,相較於一般的箍筋,優點是對主筋的束縛力更強,不易偏離。雖然地震時內部的混凝土會向外側飛散,導致柱損壞,但若箍筋的束縛力強,就能防止這種情況。

通常箍筋是在現場依既定的間隔一根根放入,要維持間隔並非易事。先將箍筋重疊在下方,立好主筋之後再向上方挪動,以一定間隔固定箍筋。另一方面,由於螺旋箍筋一開始就在工廠製作完成整體,只需從上方裝入即可,也能維持施工精度。

然而,製作一整根柱的箍筋,重量很重,向上舉起或向下套入主筋外側都是苦差事。此外,成本也會增加。螺旋箍筋施工困難又造價高,所以雖然是理想的箍筋,通常卻不太使用。

Q 環繞梁主筋周圍的鋼筋叫作什麼？

▼

A 叫作U型箍筋（stirrup）。

由於環繞為肋骨狀，U型箍筋的日文寫作「肋筋」。

stirrup是騎馬時在馬鞍兩側腳踏用所吊掛的鐙具，或是登山用的短繩梯。雖然原意是指這類吊掛的環狀金屬器具，但在建築中是指U型箍筋。

U型箍筋多半使用D10的竹節鋼筋，以25cm以下的間隔放入。

柱是以箍筋環繞主筋，梁是以U型箍筋環繞主筋。無論是箍筋或U型箍筋，都是環繞主筋的鋼筋。剛開始容易混淆，所以請一併記住hoop、stirrup。

Q 牆中的鋼筋組裝成什麼形狀？

▼

A 組裝成縱橫交錯的網格（grid）。

將D10大小的竹節鋼筋，以20cm間隔縱橫交錯組裝。正確的間隔大小依結構計算而定。

放入單層網格的稱為**單層配筋**（single-layer reinforcement），放入雙層網格的稱為**雙層配筋**（double-layer reinforcement）。能夠耐震的牆（剪力牆）或厚牆，通常是雙層配筋。

如果是厚牆卻單層配筋，混凝土容易產生裂縫。雖然是雙層配筋，但相互交錯放入縱筋，日文稱為**千鳥配筋**。

Q 雙層配筋採千鳥配筋的原因是什麼？

▼

A 容易留出保護層和間距大小。

在既定的牆厚度中放入雙層網格狀鋼筋，鋼筋相互之間會太密集。如果鋼筋彼此過於靠近，預拌混凝土的礫石不容易通過。再者，鋼筋也太接近混凝土表面，保護層變薄。而且，鋼筋容易生鏽。

鋼筋的間距大小是鋼筋直徑或礫石粒徑的幾倍以上、幾mm以上、保護層幾mm以上等，各有規定。這些規定有防止礫石堵塞、防止鋼筋生鏽造成混凝土爆裂等各種作用。在留出間距大小和保護層上，千鳥配筋能夠發揮效用。

兩側的混凝土表面預留保護層，放置橫方向的鋼筋，然後放置與其垂直相交的縱方向的鋼筋，縱筋彼此的間距就會變小。如果縱筋間距在規定值以下，可以更動千鳥配筋來留出適當間距。

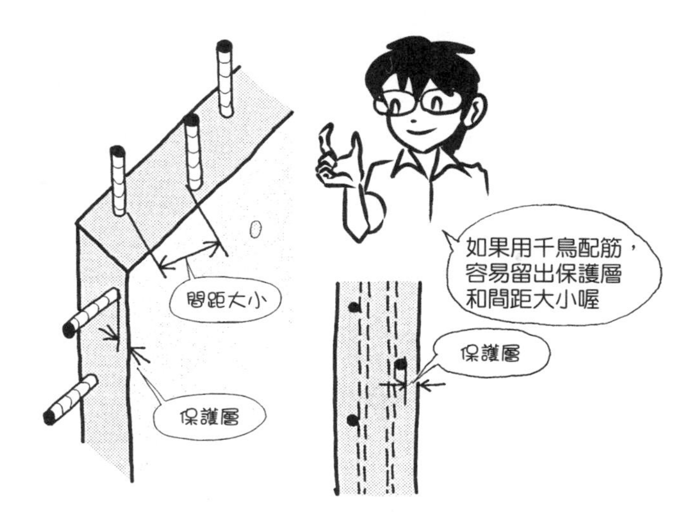

Q 樓板中的鋼筋組裝成什麼形狀？

▼

A 組裝成兩層的縱橫交錯的網格。

將D13大小的竹節鋼筋，以15～20cm間隔做成兩層的縱橫交錯組裝。正確的間隔大小依結構計算而定。

上方的鋼筋稱為**上層鋼筋**，下方的鋼筋稱為**下層鋼筋**，和梁的上層鋼筋及下層鋼筋情況相同。

鋼筋的粗細，依梁與梁之間的跨距大小而異。短側的邊（短邊）方向的鋼筋為主要支撐，所以在短邊方向使用粗鋼筋，再縮小間隔進行配筋。

Q 鋼筋的彎鉤是什麼？

▼

A 鋼筋前端折彎成鉤狀。

hook是鉤狀的金屬器具。在鋼筋中，hook是指前端折彎的部分。

製成鉤狀，與混凝土穩固附著，也增強對拔除的抵抗力。相較於前端切斷的狀態，在結構上更強。

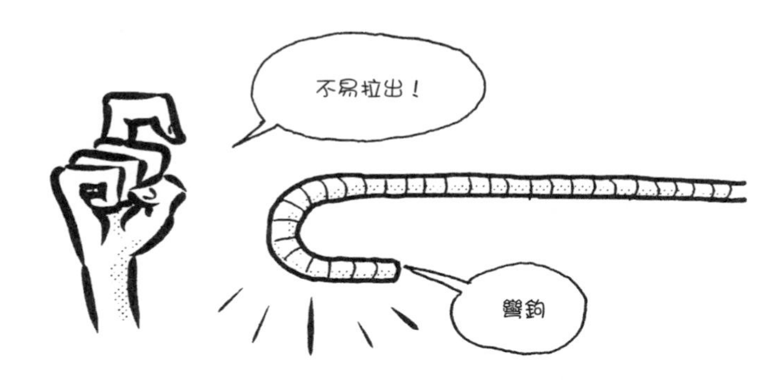

Q 鋼筋的固定是什麼？

▼

A 牢牢埋置，讓鋼筋無法從柱、梁等上面拔出。

舉例來說，梁主筋固定於柱上。主筋折彎成大L型後，埋置於柱中。尤其是上層鋼筋，必須埋置到超過柱中心的位置。相對於只稍微折彎鋼筋前端的彎鉤，主筋固定時是折彎成大L型。

以這種方式將梁的鋼筋牢牢固定於柱上，即使從上方施加重量，也無法拔出鋼筋。相反地，不確實固定，鋼筋被拔出，梁就會坍落。不只是梁的鋼筋，柱主筋與基礎的固定、牆的鋼筋與柱的固定、樓板的鋼筋與梁的固定等，所有部位都必須做好固定。

法律和各種基準對於固定長度為鋼筋直徑的幾倍以上，皆已規定。唯有如此，才能確保安全。

Q 鋼筋的接合是什麼？

A 鋼筋相互以軸方向銜接。

以軸方向銜接材料的方法稱為接合，木造等也會使用這個詞彙。需要長距離連通鋼筋時，必須銜接鋼筋來加長，所以要做接合。

一般來說，鋼筋的接合採用鋼筋相互僅重疊一定長度，以鐵絲捆綁的**搭接**（lap joint）。混凝土凝固後，接合的鋼筋一體化，產生成為一根鋼筋的效果。

除了搭接之外，還有稱為**瓦斯壓接接合**（gas pressure welding joint）的方法，也稱為瓦斯壓接。這種接合方式是以火焰加熱，讓接合端面膨脹來進行結合。

接合的重疊長度（搭接長度）為鋼筋直徑的幾倍，已有基準規定。

Q 鋼筋的瓦斯壓接是什麼？

▼

A 以瓦斯的熱和壓力來銜接鋼筋接合的方法。

直徑20mm以上的粗鋼筋以瓦斯壓接來銜接。用圓弧狀的瓦斯燃燒器加熱兩根相互壓合的鋼筋，使其成為腫塊狀膨脹狀態而一體化。

瓦斯壓接不是熔化鋼筋，而是促進鐵原子的活化運動，使之重新排列，形成一體化。1200～1300℃不會讓鐵熔融，而是直接以固體狀態接合，這就是瓦斯壓接。鐵路的鐵軌也是以瓦斯壓接來銜接。

一定量的壓接接合，會進行張力試驗或超音波探傷試驗（ultrasonic testing），確認安全性。瓦斯壓接之後，立即切取膨脹部分，進行能夠目視銜接面的熱衝鍛擠頭法（hot punching），可以進一步提高安全性。只要運用這項方法，膨脹部分內部鋼筋相互未一體化的問題，從截斷面即可目視確認。

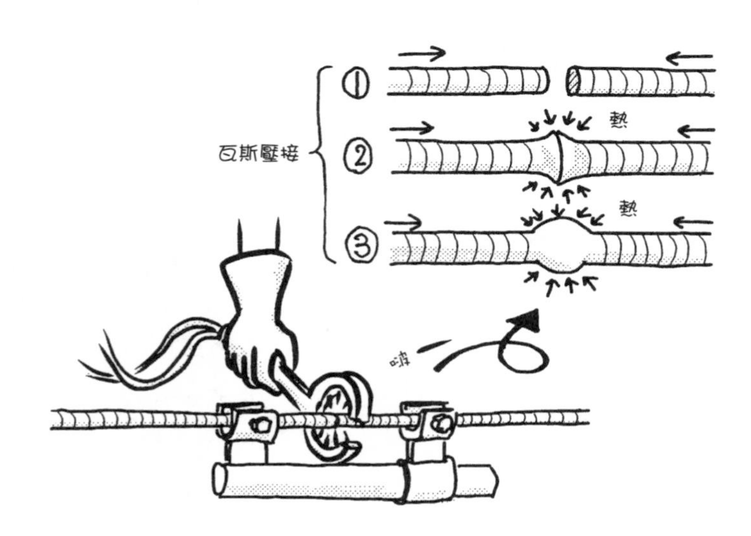

Q 組立鋼筋時如何讓鋼筋相互固定？

▼

A 以退火鐵絲（annealing wire）捆紮。

使用直徑0.8mm的退火鐵絲捆住固定。退火鐵絲是鐵絲的一種。

鐵經過退火軟化，變得容易切斷。**退火**是加熱之後緩緩冷卻；放入水或油等東西中急速冷卻稱為**淬火**（quenching）。鐵經過淬火變硬，卻也變得脆弱易碎。刀具便是採用淬火鑄造。

退火→變軟
淬火→變硬

捆紮用的鐵絲要軟才便於作業，所以退火製成。因為是退火製成的鐵絲，所以稱為**退火鐵絲**。

退火鐵絲對摺綁起，工具放入形成環狀的部分旋緊鐵絲固定。也就是纏繞旋緊退火鐵絲固定鋼筋。這個旋緊用的工具稱為鉗子。

鋼筋相互熔接黏牢，因為加熱而膨脹固定，冷卻時收縮，鋼筋內部會產生力的作用。此外，採用熔接的方式，可以想見鋼筋會無法抵抗預拌混凝土的壓力而脫落。如果以退火鐵絲捆紮，就可以避免這些情況。

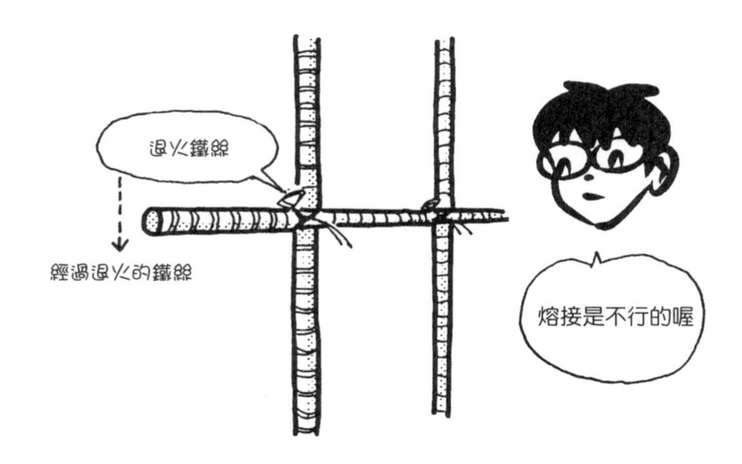

Q 梁的套筒是什麼？

▼

A 為了讓設備的配管等通過而在梁上開的洞。

sleeve是袖子，no-sleeve是無袖的衣服。就像手穿過袖子一樣，讓設備的管通過。無論是在梁或牆，貫通孔（through hole）便稱為套筒（sleeve）。

雖然配管類通過梁下最佳，但因為天花板內沒有空間，多半在梁上留出套筒空間。大廈等地方常見的是廚房等處排氣管通過的套筒。天花板面高於梁下的大廈，不得不進行梁貫通。

常見的牆的套筒，包括冷氣機冷媒管通過的套筒和供氣口用的套筒。

相較於牆的套筒，梁的套筒在結構上更形重要。在梁上鑿開大洞，可能導致無法支撐重量而倒塌。在梁上開套筒洞時，大小必須是梁高的1/3以下。

套筒開洞必須經過規畫，不能後續追加、欠缺考慮，否則恐將造成結構缺陷。

Q 如何補強梁的套筒？

▼

A 以各種形式放入補強用鋼筋。

如下圖，在套筒周圍增加配置鋼筋，補強套筒所形成的洞。除了下圖的套筒補強方式，也能放入熔接的網狀鋼筋網（熔接鋼筋網〔welded steel fabric〕），或是放入鐵板。

梁的套筒本來是不允許存在的洞。梁是重要的結構體，地板的重量沉重地施加於梁上。不可避免要開套筒洞時，必須像下圖一樣徹底補強。

Q 如何補強牆上開的窗、門、套筒等的洞？

▼

A 以縱橫 45 度放入補強用鋼筋。

如果不以鋼筋補強，窗角容易像下圖左一樣產生歪斜裂縫，窗緣容易產生縱橫裂縫。

因此，在洞角以 45 度放入鋼筋，四邊則縱橫平行放入鋼筋來補強。要補強窗、門、套筒等在混凝土牆上的開洞，必須加入鋼筋。

牆不像梁那樣有沉重的重量施加於上，所以不需像補強梁的套筒那樣大費周章。然而，如果後來才在混凝土上開洞，沒有補強用鋼筋，還會切斷牆上的鋼筋，降低混凝土的耐久性。

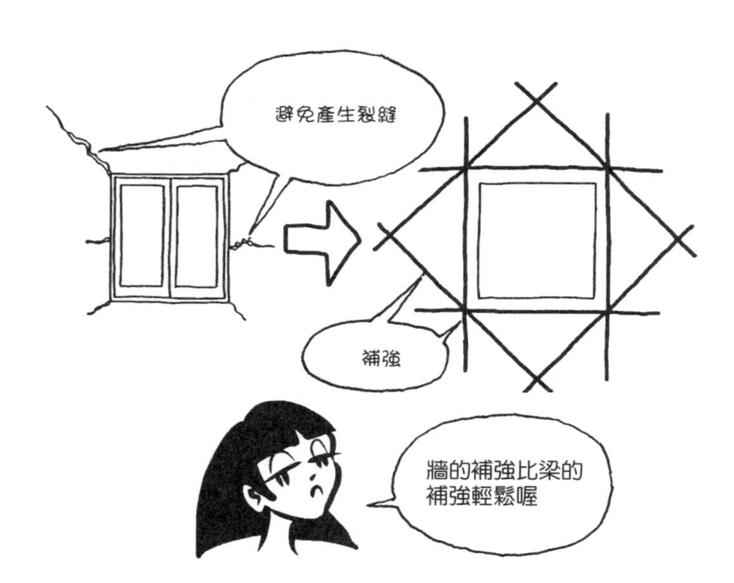

Q 混凝土表面到鋼筋表面的距離叫作什麼？

▼

A 叫作保護層。

保護層是指混凝土覆蓋在鋼筋上的厚度。

混凝土是從表面開始中性化。中性化之後，鋼筋容易生鏽。鋼筋生鏽就會膨脹，破壞周圍的混凝土。如果保護層薄，鋼筋周圍的混凝土很快中性化，鋼筋容易生鏽。

保護層薄，混凝土表面容易產生裂縫。極端地説，若保護層 1mm，澆置混凝土當天就會產生裂縫，露出鋼筋。一旦產生裂縫，水從裂縫滲入，鋼筋會生鏽。

保護層薄，注入預拌混凝土時會產生阻礙。礫石填充在模板與鋼筋之間，預拌混凝土無法往下方流動。結果變成只有那個部分沒有混凝土的狀態，形成結構缺陷。

澆置混凝土之前，先檢查配筋。這時最重要的是檢視保護層。保護層不足之處，在鋼筋與模板之間填入間隔物（留出保護層的工具），或最糟的情況是重新配筋。各種基準規定了各部位的保護層為幾 cm 以上。

Q 間隔物是什麼？

▼

A 插入鋼筋與混凝土模板之間，確保鋼筋的保護層的工具。

留出space（空間）的工具之意，所以稱為spacer（間隔物）。如果沒有間隔物，灌注預拌混凝土時，預拌混凝土的重量讓鋼筋移動，會使保護層變薄。為了防止這種情況，必須在鋼筋與模板之間，以一定間隔放入間隔物。

外牆的保護層必須在2cm以上，混凝土加鋪（R132）厚度為2cm時，合計需要4cm。因此，插入4cm的間隔物。

地板鋼筋也會使用四腳間隔物等，來確保保護層。澆置預拌混凝土之前，必須檢查是否留出保護層，如果沒有，追加放入間隔物。

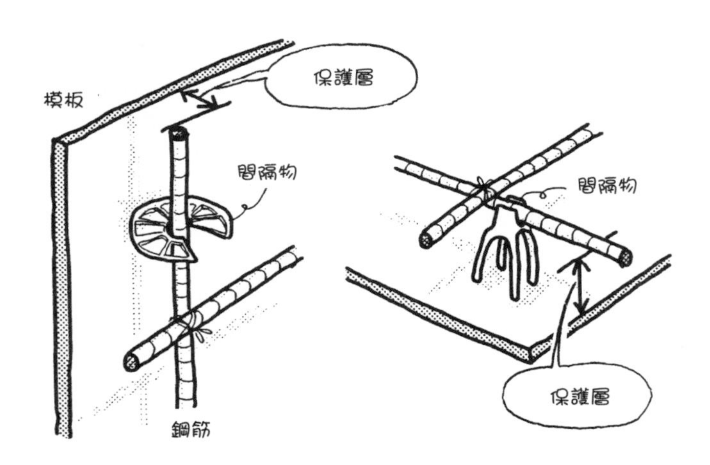

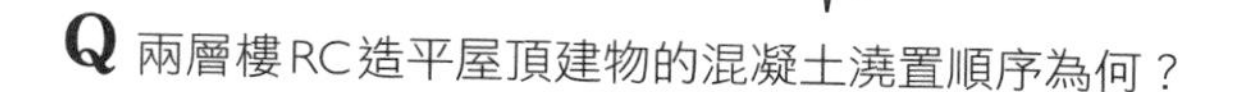

Q 兩層樓RC造平屋頂建物的混凝土澆置順序為何？

▼

A 澆置順序如下：至一樓的樓板上端為止→至二樓的樓板上端為止→至屋頂樓層的樓板上端為止→女兒牆（parapet，又名胸牆）。

各個階段約需一個月時間，一樓層份的牆、梁、地板一次澆置，至地板上端為止。地板凝固後，進行上層地板的澆置。如果混凝土沒有凝固，就無法施作模板工程和配筋工程。

若一樓的樓板下有基礎，先進行基礎的澆置，再澆置至一樓地板上端為止。

梁與樓板是一體的，所以澆置至樓板上端為止，梁整體就完成了。依照這種方式，在RC造中，一層樓板需時一個月，依序向上組建各層樓。

最後澆置女兒牆。雖然女兒牆可以與屋頂樓板一體作業澆置，但考量內側的模板等，工程不易進行。模板設在兩側，中間澆灌預拌混凝土。外側和外牆一起進行。內側通常必須等屋頂樓板凝固後，才能夠施工。因為無法在尚未凝固的樓板上做組立。這時若勉強施作內側模板工程，會成為浮動框。雖然小範圍的浮動框是可行的，大範圍卻不可行。常見的作法是，女兒牆的直立面部分少部分（例如至高度100mm）與樓板一體澆置。這是因為牆腳直立部分不易防水，所以設法和地板一體化。

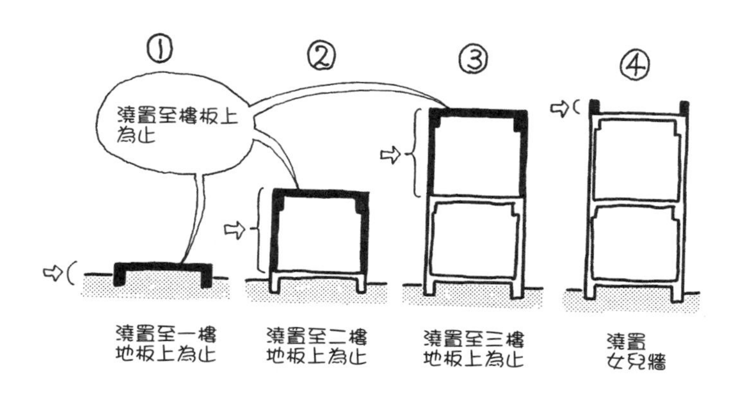

Q 混凝土澆置至樓板上端時，下方樓層的鋼筋如何處理？

▼

A 樓板上縱方向的鋼筋（柱主筋、牆縱筋等）不要切斷，讓那些鋼筋向上突出。

組裝上方樓層的鋼筋時，就是與這些向上伸出的鋼筋銜接（接合）。如果把鋼筋剛好從樓板上端的位置切斷，上下樓層的鋼筋變得無法連接，混凝土與鋼筋也無法一體化，會造成結構問題。

在既有的RC部分上，後施工必須建造RC時，使用稱為**接合鋼筋**（joint bar）的方法。前施工的混凝土上開洞，然後插入鋼筋。只是插入，鋼筋會被拔出，所以用化學錨栓（chemical anchor，使用硬化樹脂讓鋼筋無法拔出的產品→R153）等，把鋼筋錨定（anchoring，牢牢固定）在前施工的混凝土上。接著，製作模板，澆置混凝土。

慎重起見，在混凝土連續澆置部分，有時會使用接合鋼筋的方法。這種情況的接合鋼筋為追加插入鋼筋之意，強化新舊混凝土相互的一體化。

Q 混凝土連續澆置部分容易滲水還是不易滲水？

▼

A 容易滲水。

混凝土連續澆置部分的混凝土並未完全一體化，所以這個部分容易有雨或地下水滲入。如果連續澆置部分未審慎處理，將成為致命缺陷。

因此，會採取各種因應措施，包括在連續澆置部分製作施工縫（construction joint）加以密封、在混凝土內部放入止水板等。

即使有這些因應措施，地下的連續澆置部分仍有地下水容易滲入的缺點。因此，可以在地下室建造滲水也無需擔心的雙重牆，或者在RC軀體外側覆上防水層（waterproofing layer）。

Q 如何製作混凝土施工縫？

▼

A 在樓板上端外牆側做出寬度和深度皆2cm的溝，然後填充密封材。

澆灌混凝土之前，先在樓板邊緣的模板上裝上稱為填縫棒的2cm見方大小的棒。接著，混凝土凝固後移除填縫棒，形成2cm見方的溝。溝中填充具接著性和伸縮性的密封材。

沒有做出溝，即使灌入密封材，也只會堆積黏在混凝土表面，之後會剝落。製作溝是要做出填入密封材的地方，利用密封材的接著性和伸縮性，形成防止水滲入的構造。

RC造建物中，無論外牆是塗裝修飾或是清水混凝土，都可以藉由這個接縫來確定混凝土連續澆置的位置。

Q 混凝土施工縫使用哪種密封材？

▼

A 若上面無塗裝，使用多硫化物（polysulfide）類密封材；若上面有塗裝，使用聚氨酯（polyurethane）類密封材。

高分子化合物具接著性，硬化後仍保有如橡膠般的彈性。這樣的密封材可伸縮又具耐水性，填充入接縫中，可以防止水滲入。

灌入密封工程是使用填充槍來進行，為了防止密封材溢出接縫外，會貼上紙製的和紙膠帶（masking tape）。

密封材又稱**嵌縫膠**（caulking compound）。填塞密封材也稱為「密封」。密封和黏貼的英文同是seal。

無塗裝→多硫化物類密封材
有塗裝→聚氨酯類密封材

Q 混凝土施工縫的密封材是兩面接著還是三面接著？

▼

A 三面接著。

接縫的密封有兩面接著和三面接著。若密封處相互之間不會移動，進行三面接著。混凝土相互之間不會移動，所以是三面接著。

連續澆置面上方的混凝土與下方的混凝土是一體的，兩者並非以板銜接，所以上方混凝土不會與下方混凝土分離移動。下圖中，面①與面②不會分分合合，所以密封材也接著於面③。

如果密封材沒有接著於面③，接縫上方進入的水會流入面③的縫隙，可能滲入下方的混凝土。因此，也需要與面③接著。

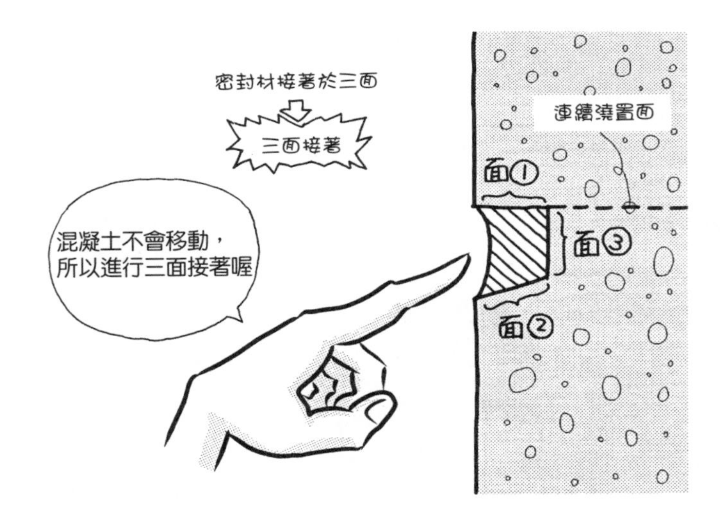

Q 若預期接縫寬度像板縫一樣會移動，接縫的密封材是兩面接著還是三面接著？

A 兩面接著。

若是如下圖左的三面接著，接縫寬度增大時，面 ③ 會擴展，接著的密封材會裂開。如果面 ③ 擴展，緊緊附在面 ③ 上的密封材也隨之移動。

為了防止密封材隨著板的移動而損傷，只要不接著於面 ③ 即可。兩面接著時，密封材只接著於面 ① 和面 ②。即使板破裂移動，因為未與面 ③ 接著，密封材只會伸展，可以避免損傷。

這類移動的縫稱為**工作縫**（working joint）。混凝土板相互之間的縫、窗框與混凝土的縫等，都是工作縫。原則上，工作縫是兩面接著。

工作縫→兩面接著

兩面接著之所以可行，是因為有所謂**墊材**（backup material）。墊材是用不會與密封材接著的材質製成，塞住接縫最內部，然後再灌入密封材，成為兩面接著。

墊材具有厚度，用途相同但沒有厚度的是**隔黏劑**（bond breaker），兩者分別用於不同地方。調整接縫深度時，使用墊材；不調整深度，直接灌入密封材時，使用隔黏劑。然而，有時兩個詞彙會混合使用。

有厚度→墊材
無厚度→隔黏劑

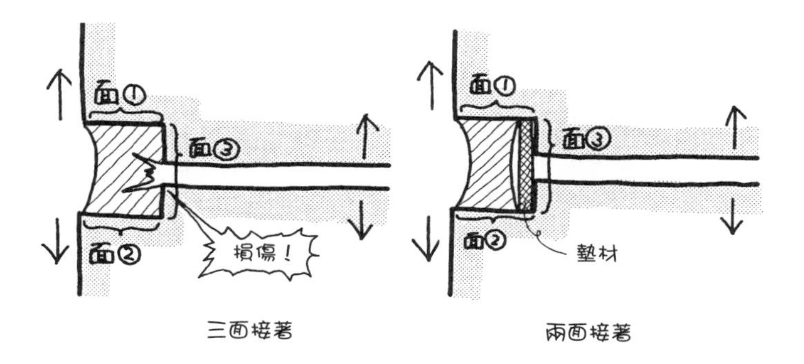

Q 鋼筋保護層是從混凝土表面還是接縫底開始測量？結構上有效的牆厚度是從混凝土表面還是接縫底開始測量？

▼

A 鋼筋保護層和結構上有效的牆厚度皆是從接縫底開始測量。

從混凝土表面至鋼筋表面的距離稱為保護層，表示有多少混凝土覆蓋在鋼筋上。保護層20，表示鋼筋上覆蓋了厚度20mm的混凝土。

接縫的部分呈溝狀，這個部分是沒有混凝土的狀態。因此，外牆側的保護層，必須從接縫底開始測量。

結構計算時，假設算出RC牆厚度有20cm。因為接縫的部分是溝，在結構上無效。從接縫底到另一端的厚度，才是結構上有效的厚度。

總之，接縫深度部分的混凝土，不能視為保護層，也不能視為結構。這樣才能完成符合安全的設計。

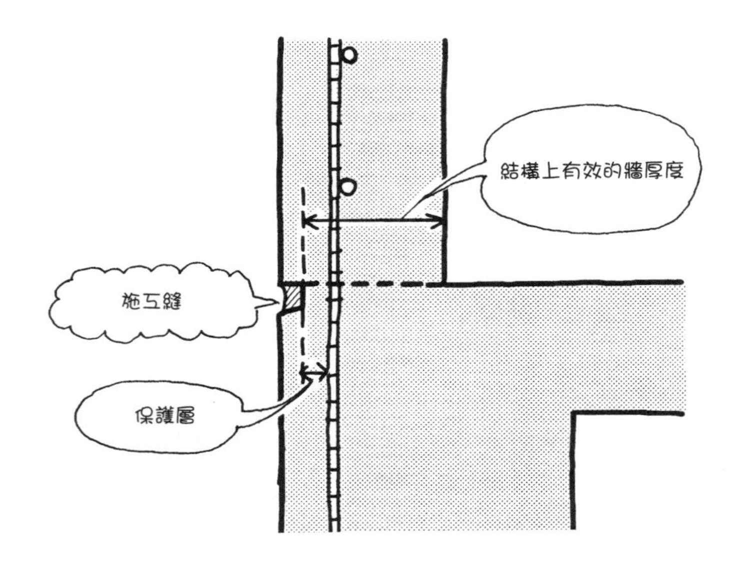

Q 混凝土加鋪是什麼？

▼

A 將施工縫深度部分的厚度，加到結構設計上的厚度。

如字面所述，就是增加澆置混凝土，但通常是增加澆置接縫的深度。接縫深度2cm（20mm），所以加鋪也同樣是2cm。

為了一體化，加鋪與軀體的混凝土一起澆置。之後無法單獨加鋪澆置。

加鋪了混凝土，就能維持結構上的厚度，並製作施工縫。此外，除了接縫處以外的牆，鋼筋的保護層都會比規定的厚度大。

進行混凝土加鋪，設計強度或保護層才能符合安全。混凝土加鋪部分在圖面上以虛線表示。

在既有的混凝土上進行接合鋼筋等，「增加澆置」新的混凝土時，也會做所謂加鋪。耐震補強或增建等情況，便會進行加鋪。

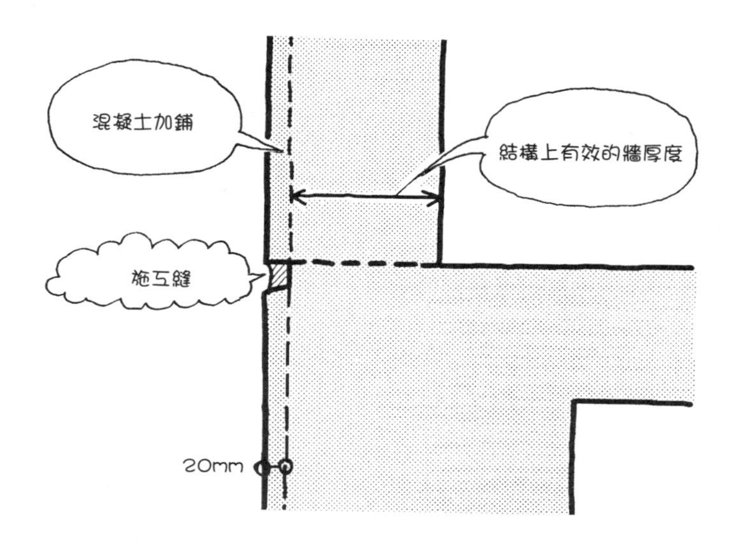

Q 清水混凝土面上的圓形記號是什麼？

A 拔掉塑膠圓錐（plastic cone）後的痕跡。

塑膠圓錐是維持模板用的工具。以前是木製，所以稱為木錐。塑膠圓錐產品形形色色。

預拌混凝土凝固，拆掉模板時，塑膠圓錐仍埋置在混凝土面上（①），所以轉動拔掉塑膠圓錐。為了容易轉動，也會在塑膠圓錐中裝上六角形金屬零件。

拔掉塑膠圓錐後，混凝土上會有圓筒狀的洞（②）。洞裡可以看見埋設塑膠圓錐的螺栓（bolt）。塑膠圓錐底部刻有裝進螺栓用的陰螺紋（female thread，又名內螺紋）。

若放置那個圓洞不管，裡面的螺栓會生鏽，水容易滲入內部。因此，把無收縮砂漿（non-shrinkage mortar）等填充入圓筒狀洞中（③）。

經過這些過程，最後就留下清水混凝土面上常見的圓形記號。

Q 塑膠圓錐的螺桿是什麼形狀？

▼

A 混凝土側是陰螺紋，另一側是陽螺紋（male thread，又名外螺紋）。

為了固定埋置在混凝土內部、稱為間隔物的金屬零件，混凝土側是陰螺紋的形狀。

拆掉模板，拿出塑膠圓錐，就會出現埋置在內部的間隔物的螺桿（screw）。若放置不管會生鏽，所以用砂漿等填塞塑膠圓錐的洞。這就是清水混凝土特有的圓形記號。

陰螺紋的另一側有陽螺紋。這是旋緊稱為模板緊結器（form tie）的金屬零件用的螺紋。塑膠圓錐和模板緊結器夾緊合板，讓合板固定不動，再用模板緊結器前端的金屬構件固定於鐵管上等。

因此，塑膠圓錐的兩側附有陰螺紋和陽螺紋。雖然只是單純的器具，設計上卻有各種考量。

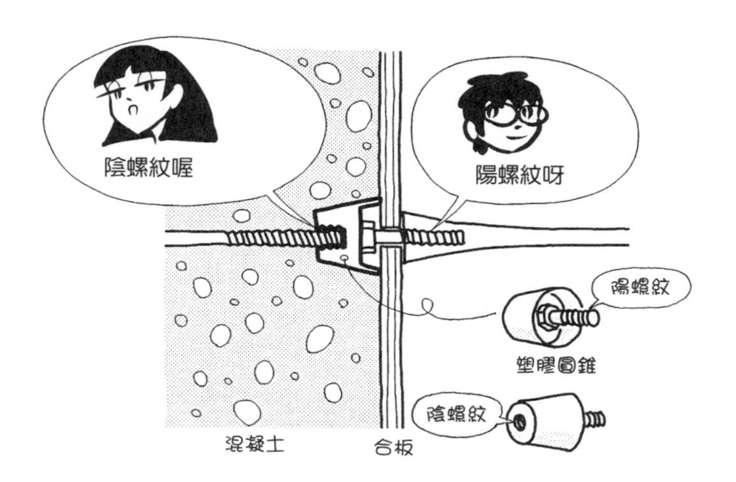

Q 為什麼要使用隔件？

A 用以保持合板相互的間隔。

separate是分隔之意。separator（隔件）是分隔用的器具，讓合板相互分隔、彼此不要靠近。

首先，以隔件設定牆厚度等。隔件端部有螺桿，所以可以進行微調整（①）。以隔件設定合板的間隔。預拌混凝土是澆置到合板之間，所以必須確實保持間隔。

以隔件定好間隔後，在兩側鑽入塑膠圓錐（②）。如果只有隔件，混凝土凝固後，金屬構件會突出到混凝土表面。因此，一定要有類似塑膠圓錐般之後可以取出的器具。

固定塑膠圓錐後，把合板的洞對準塑膠圓錐的陽螺紋，從兩側推壓合板（③）。如此一來，就能保持合板的間隔。

如果只有這樣，合板會從塑膠圓錐上脫落，所以從外側鑽入模板緊結器，固定合板。

在實際的現場中，一側的合板先用模板緊結器固定隔件和塑膠圓錐，形成隔件和塑膠圓錐突出於合板的型態。然後組裝鋼筋，組裝結束後，再用模板緊結器固定另一側的合板。下圖以簡單易懂的圖示呈現合板的支撐方式。

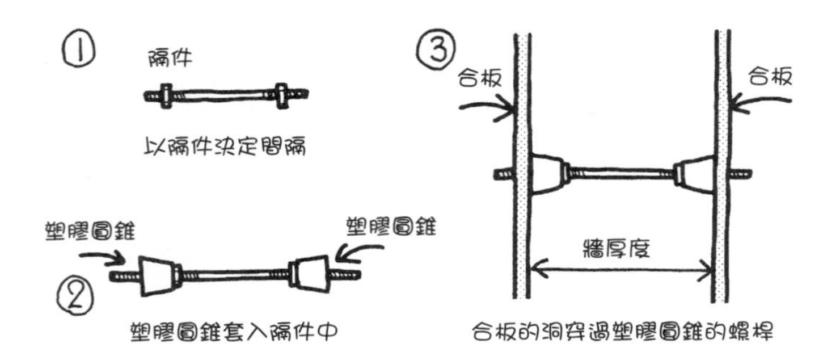

Q 為什麼要使用模板緊結器？

▼

A 用以從外側拴裝隔件和塑膠圓錐，牢牢固定模板。

form tie（模板緊結器）就是tie（拴緊）form（模板）的工具。

廣義上，混凝土模板是指包含所有注入預拌混凝土用的金屬構件和支柱的框，但模板緊結器中的form＝模板，狹義上是指合板和角材做成的框。拴裝固定這個框用的金屬零件，稱為模板緊結器。

隔件和塑膠圓錐設置在合板的內側，用模板緊結器從合板的外側拴裝固定。一般來說，這時會在中間插入兩根鐵管補強。各兩根鐵管成對橫放，用模板緊結器的金屬零件輔助，以螺栓拴裝。

鐵管被稱為**圓管**（round pipe），正確來說是用鋼做的。圓管表面鍍鋅，用於模板的補強或鷹架（scaffold）等臨時結構（temporary construction）。只用合板不牢固，所以用角材補強，這個補強用角材一般是縱向放入。補強模板的角材稱為**小方材**（batten）。

如此一來，合板、角材、鐵管一體化，能夠防止預拌混凝土的重量讓模板向外側膨脹。預拌混凝土的重量高於水的重量兩倍，所以這類補強是必要的。隔件＋塑膠圓錐＋模板緊結器，成為一組完整的金屬零件。

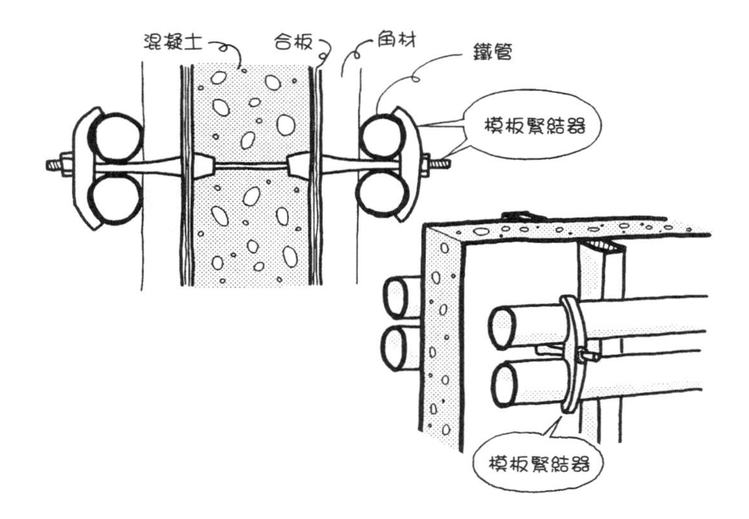

Q 隔件等金屬零件以多大的間距放入？

A 以60cm以下放入。

雖然視部位或厚度而異，但如下圖所示，與牆相關的部分，一般以橫45cm、縱45cm的間隔放入；形成45cm見方，看起來也齊整美觀。金屬零件的間隔過寬，合板會無法承受預拌混凝土的重量而損壞。有些也以60cm見方的間隔放入。正確的間隔大小依結構計算而定。

合板的大小是90cm×180cm。由於是3尺×6尺，也稱為**三六板**。如下圖，以45cm、22.5cm的間隔配置，能夠整齊安裝。依照這樣的方式，一塊合板會有八個塑膠圓錐的痕跡。

然而，各部位的尺寸、角隅、柱、梁、施工縫等處，合板的大小常有變形尺寸。

製作清水混凝土時，塑膠圓錐的位置整齊才會美觀，所以設計階段就會考量塑膠圓錐的位置。進行普通修飾的RC，則現場決定合板或塑膠圓錐的配置。

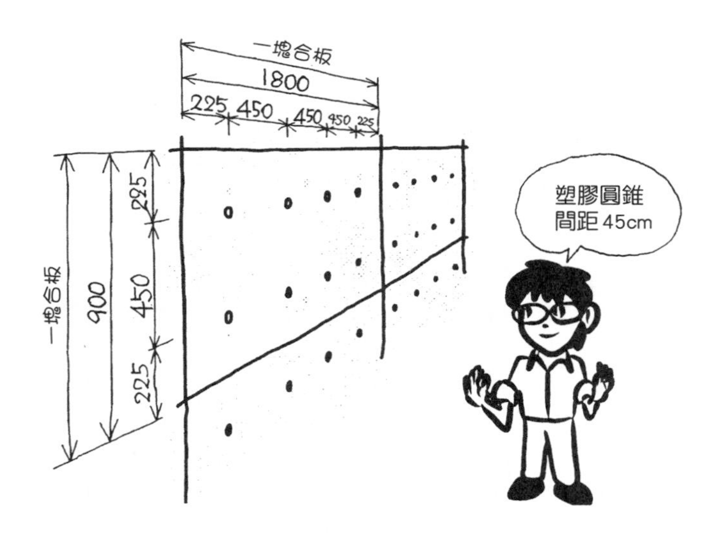

Q 如何把電線穿過混凝土中？

▼

A 先埋設管之後，再穿過電線。

如果直接把電線埋置在混凝土中，礫石等會磨傷電線。再者，直接埋置電線的作法，完全無法重新配線。

通常事先埋置容易折彎的樹脂製管，稱為CD管，混凝土修飾後，再把電線穿過管中。

CD管的CD是combined duct的縮寫，即「經複合的管」；也稱為埋設用合成樹脂可撓導線管（embedded plastic flexible conduit）。「可撓」是指容易變形、折彎之意。

在插座或開關的位置，使用出線盒（outlet box，引出到外面用的盒子）。天花板的部分如下圖，使用能將電線輕鬆斜拉出來的端蓋（end cover）。

把電線穿過CD管中時，先將施行被覆（sheath）的鐵線（他喜龍線〔Takiron line〕等）〔譯註：他喜龍是1919年創立的日本塑膠建材公司〕穿過管中，綁上電線之後導引穿過。如果距離短，即使只有電線也能穿過。此外，在風箏線前端綁上棉紙，用吸塵器從另一端吸出，也是可行的方法。

順帶一提，在電線之前穿過，為了導引電線而放入管中的線，稱為**傳線**（call wire），亦即傳令召喚電線的線。

至於清水混凝土，也必須埋置電線來因應天花板的照明，因為天花板內沒有讓電線通過的空間。澆置混凝土之前，必須慎重考量設備配管。

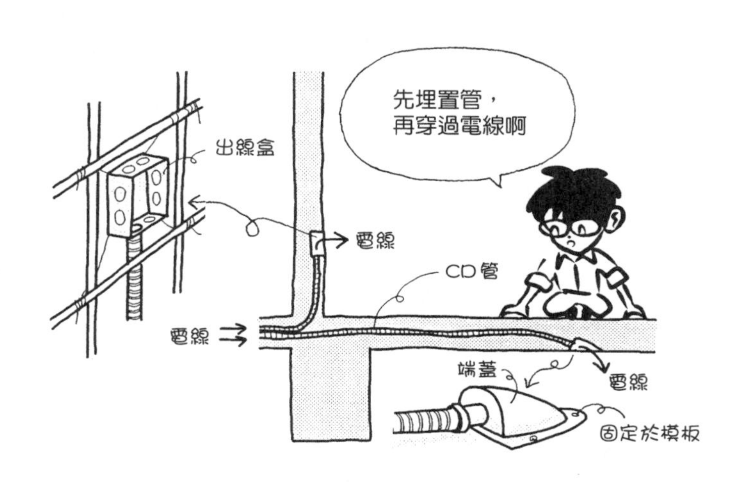

Q 電線管大致分為CD管和PF管，兩者有何不同？

▼

A CD管是混凝土埋置專用；另一方面，PF管不易燃，可露出。

PF管的PF是plastic flexible conduit的縮寫，直譯為「樹脂製柔軟的管」。PF管不易燃，所以即使不埋置在混凝土中也可使用，可露出裝置在牆上，或者通過天花板內。

CD管→易燃　→混凝土埋置專用
PF管　→不易燃→混凝土埋置或露出皆可

兩種管的表面都有凹凸，以免被壓碎。

如果CD管埋置在靠近混凝土表面的地方，混凝土容易產生裂縫，應該埋置在鋼筋內側較深的位置。

此外，CD管是埋置專用，禁止露出，所以是醒目的橘色。這是為了防止配管露出的失誤。

Q 澆置地板的混凝土時如何整平？

▼

A 以日文稱為tombow（蜻蜓）的T型鏝刀（trowel）或金屬鏝刀來整平〔編註：鏝刀是一種扁平或稍有曲線形狀的帶柄工具，又名抹子〕。

tombow是做成T型的大型木製鏝刀（也有金屬製）。整理球場的工具日文也稱為tombow，因為與鏝刀幾乎是同樣的形狀。

澆注的黏稠預拌混凝土，使用T型鏝刀來整平。細微處或希望更美觀平整的地方，使用金屬鏝刀。

有時混凝土板上不塗砂漿，直接鋪貼聚乙烯薄片修飾。雖然通常會塗上3cm砂漿（水泥＋砂），修飾美觀，但也有只澆灌混凝土就直接鋪貼修飾的作法。這種方式稱為**一次修飾**（one-pass finishing）。如果混凝土表面凹凸不平，無法直接鋪貼修飾，所以先用T型鏝刀整平，再使用金屬鏝刀來美化。

此外，在建築中，「tombow」一詞有各種使用意涵。既是石匠或泥水匠的工具，也可能是圖面的標示等，但每一種都源於像tombow（蜻蜓）一樣的形狀。

Q RC可以建成像木造一樣的斜屋頂嗎？

▼

A 可以。

用RC建造斜屋頂時，和木造的情況一樣，先貼附屋頂材，屋簷前端必須裝上落水管（downpipe）。為了讓雨水順利流動至落水管，對於屋簷前端細部的考量也和木造相同。

如下圖，屋頂板大幅度傾斜，所以梁的高度也隨之大有變化。相較於平屋頂，斜屋頂的模板工程、鋼筋工程、混凝土工程多少變得較困難。

斜屋頂的雨水流動比平屋頂快，所以在外牆外側的落水管處理雨水。相較於平屋頂以女兒牆把水集中到外牆內側，斜屋頂較無需擔心漏雨。在多雨的日本，建成斜屋頂也是一種因應之道。雖然缺點是無法建造屋頂上空間，但有防雨處理佳的絕佳優點。

寒冷地帶還有一種作法，就是在平坦的平屋頂上架設木造屋頂。這種方法稱為上層天台（upper roof）。如果屋頂積雪，RC會讓熱釋放，室內容易變冷；若做成木造屋頂，優點是熱不易釋放，而且讓雪容易落下。

既有平屋頂建物已無法解決漏雨問題時，可以架設這樣的屋頂。架設屋頂鋪貼屋頂材，便無需擔心漏雨。大型建物也可以用鋼骨組裝屋頂。

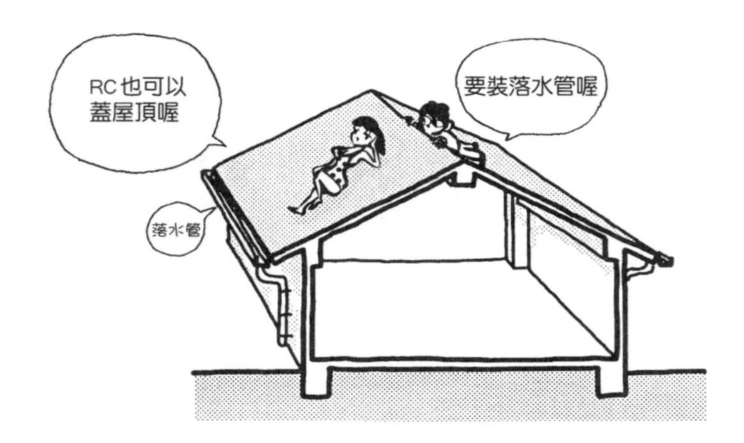

Q 坡度大的樓板（屋頂板）如何灌注預拌混凝土？

▼

A 製作與板的厚度同高的模板，在幾處挖洞，從洞中灌注預拌混凝土。

板的坡度大時，不像澆置平坦的板那麼簡單。預拌混凝土向下方流動，聚積在那裡，造成厚度不一。

為了防止這種情況，只能加蓋處理。為了讓混凝土流動為相同厚度，在與板的厚度同高的地方製作蓋子。蓋子預先開洞，把預拌混凝土注入洞中。預拌混凝土從下方開始填滿，到了凝固階段，拆掉模板，就會出現坡面齊整的板。

如果坡面長，會有混凝土無法流動到最下方之虞。遇到這種情況，預先在坡面上幾處挖洞，從下方的洞開始依序澆置預拌混凝土。若從上方的洞灌入的預拌混凝土自下方的洞流出且凝固，就很麻煩，這時必須立刻去除。

澆置樓梯時，也以同樣的方法進行。製作樓梯形狀的模板，加蓋，從上方灌注預拌混凝土。

因此，以混凝土板建造斜屋頂時，不像水平板那麼簡單，現場管理也會變得複雜。

Q 平坦的屋頂叫作什麼？

▼

A 叫作平屋頂。

平屋頂的日文稱為「陸屋根」，日文提到建築時，「陸」是作為「水平」之意，「不陸」則是非水平。

一般來說，RC造或S造建物是平屋頂。相較於斜屋頂，平屋頂容易建造，又可作為屋頂上空間使用。

平屋頂的屋頂面，會設定坡度為1/100。坡度1/100，是指每100降低1的坡度。即每100cm降低1cm，每1000cm（10m）降低10cm。

日文的「ろくでなし」原本寫成「陸でなし」，原意為「非水平」，進而延伸為「窩囊廢」之意。據說木匠同業間，以「陸でなし」來蔑稱毫無水平、技術差勁的木匠。

Q 平屋頂的坡度（1/50～1/100）如何形成？

A 以RC軀體（屋頂板）來形成坡度是最佳方法。

要讓屋頂板形成傾斜，支撐屋頂的梁高也必須改變。製作樓板的混凝土模板和配筋都必須做成斜的。這種作法非常麻煩，所以有時會後續在平坦的RC屋頂板上再塗上一層砂漿（水泥＋砂），做成傾斜狀。然而，以砂漿形成坡度的作法，只限於用在小型屋頂或外廊等。

傾斜的RC屋頂板上鋪上防水層，貼上絕緣布，然後在上面澆置厚度10cm的輕量混凝土。

傾斜率1/100，是指每100cm降低1cm的坡度；每1000cm（10m）便降低10cm。

Q 如何以RC建造樓梯？

A 製作斜樓板，在樓板上面附上梯級。

如下圖，把樓梯想成斜的樓板，就很容易了解。梁與梁之間斜向架設樓板，樓板上面做成梯級的形狀，成為樓梯。

支撐樓梯樓板的是梁，但直線樓梯（straight staircase）這類既小又輕的樓梯，即使是從牆外伸的樓板也能製作樓梯。外伸樓梯沒有梁，看起來安裝得更漂亮。

樓梯樓板中的鋼筋是複雜的形狀。除了斜向穿過放入的鋼筋，還放入與樓梯同樣形狀的鋸齒狀鋼筋；當然，與其垂直相交的方向也放入鋼筋。

澆置有坡度的樓板時，若未事先加蓋，會如前述般，導致預拌混凝土噴出。如果從樓梯的上方開始澆置，中途可能發生預拌混凝土堵塞，無法順利流動的情況，所以在樓梯幾處挖洞，從下方的洞開始依序澆置。

最簡單的修飾方式是，以砂漿整平混凝土面，在梯級凸緣（stair nosing）裝上防滑磚（non-slip tile，刻成溝狀的防滑磁磚）或防滑金屬構件。其他修飾方式，包括只在踏板部分鋪貼具緩衝效果的聚氯乙烯片材（PVC sheet），或者貼磚、鋪石等。

RC造建物有時會配置鋼骨樓梯。

Q 柱或牆的角不維持直角，斜切成45度或呈圓形的原因是什麼？

▼

A 如果是直角，預拌混凝土無法順暢流動，會導致凹凸不平（稱為石窩〔rock pocket〕），或者角被撞到時容易產生缺塊，人碰撞到容易受傷。

角切成45度，稱為**倒角**（chamfer）。倒角是用於木造柱的技法，根據面的切削方式，樣式隨之不同，所以是非常重要的部分。

倒角通常是45度，但有時會採圓弧狀，稱為圓面或R加工。R取自radius（半徑）一字，這是建築中常用的詞彙。做成圓弧狀的形狀時，會以取R等用詞來表示。

在日文中，直角又稱**尖角**〔譯註：角呈尖狀之故〕。尖角會讓預拌混凝土不易流動，礫石露出表面，形成麻點狀（pitting）。雖然這種情況可以之後以砂漿修補（patching），但若使用的是清水混凝土，很不容易修飾美觀。

建築師偏好銳利尖角的設計，但使用時應該考量用途和場所。

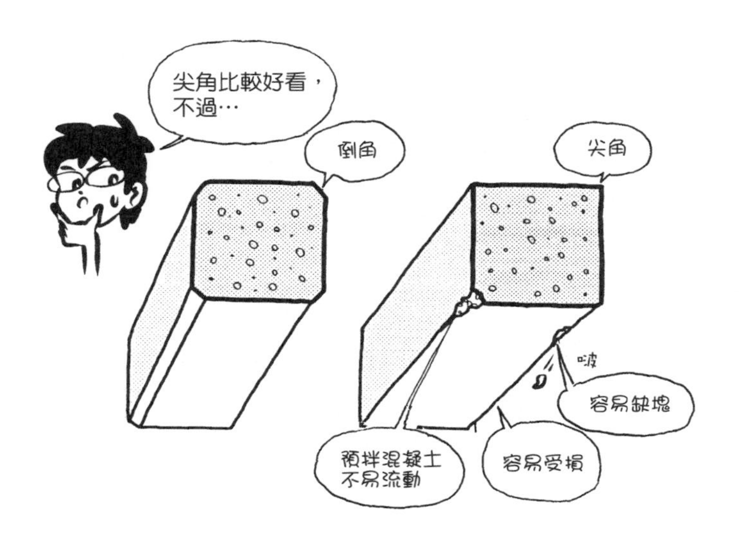

Q 1. 裝置在混凝土模板上用以製作面的條棒叫作什麼？
2. 裝置在混凝土模板上用以製作接縫的條棒叫作什麼？

▼

A 1. 叫作倒角板條（chamfer strip）。
2. 叫作接縫棒（joint strip）。

在模板的角隅部分裝置倒角板條，然後澆灌預拌混凝土。預拌混凝土凝固後，拆掉模板，就能做出面。倒角板條是木頭做成，但也市售合成樹脂製現成品。

接縫的部分也一樣，把接縫棒放入模板內即可製成。若是製作施工縫，則把接縫棒放入樓板端部。接縫棒也有木製和合成樹脂製。

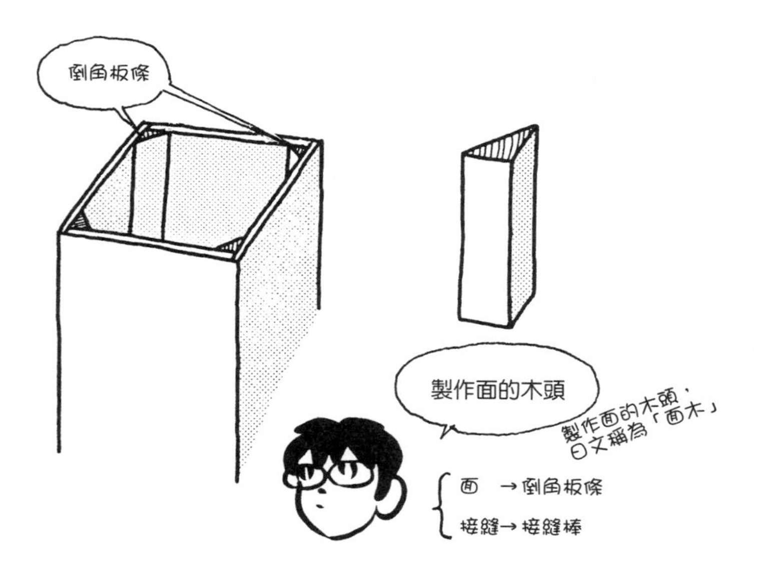

Q 冷縫是什麼？

▼

A 先澆置的混凝土逐漸硬化後，後續澆置混凝土時所產生的無法完全成為一體的縫。

形成冷縫（cold joint）時，牆上會出現線狀的模樣，所以目視即可確認。冷縫的問題各式各樣，例如會形成結構問題、造成容易滲水等嚴重問題，以及因為稍微後續澆置而未能完全成為一體等細節問題。

澆置房間的牆時，有時不是一口氣由下往上澆置同一處的牆，而是繞著房間慢慢由下往上澆置。這時如果時間相隔過久，先澆置的混凝土凝固，與後澆置的混凝土之間就會形成冷縫。

而如果說一口氣由下往上完成澆置，又會有施加於模板的重量（側壓〔lateral pressure〕）變大、模板容易變形等缺點。通常採用邊輪流邊澆置的方式。

為了防止形成冷縫，可以放入振動器（vibrator）或用長竿插搗，或者用木鎚打擊模板。筆者在學生時代曾被動員召集做木鎚打擊模板工作。

1999年日本山陽新幹線的隧道事故，判定是列車的振動和風壓施加於冷縫部分，造成混凝土掉落。此外，還有混凝土的砂品質也不佳等複合的重要因素，導致了這起事故〔編註：1999年6月27日，行駛於福岡隧道中的新幹線列車被落下的混凝土打中，停車50分鐘；事故的遠因是使用含鹽分的海砂〕。

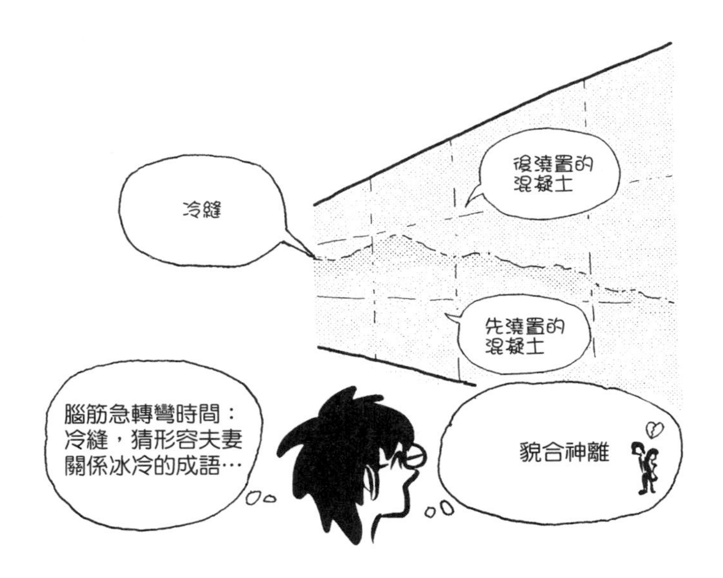

Q 石窩是什麼？

▼

A 礫石露出混凝土表面，形成麻點狀。

礫石露出表面的現象也稱為**麻面**（pitted surface）、**蜂窩**（honeycomb）。這樣的表面恰如日本的雷餅〔譯註：起源於東京淺草雷門附近攤商販賣的米餅，表面類似台灣的傳統米香餅〕。

混凝土未成為一體，水泥漿體（水泥＋水）與礫石分離，礫石露出表面的狀態，便稱為石窩。造成石窩的原因，包括澆置預拌混凝土時不夠密實、模板形狀複雜而使預拌混凝土無法順暢流動、水泥漿體從模板縫隙漏出而只剩下礫石或砂。

如果是小範圍的石窩，以砂漿修補。大範圍的深石窩將形成結構缺陷，有時會削除全部石窩，之後再填充無收縮砂漿。無收縮砂漿是在砂漿中加入藥劑，以防止乾燥時收縮的產品。

為了防止產生石窩，必須採取的對策包括讓砂漿與礫石不易分離、開口部周圍充分密實、防止從模板漏出等。

Q 白華是什麼？

▼

A 混凝土或石頭的表面所產生的白色結晶。

混凝土內部的氧化鈣（CaO）與水反應，成為氫氧化鈣（$Ca(OH)_2$）、碳酸鈣（$CaCO_3$）等，變成白色粉狀浮現表面。這些以鈣化合物為主的白色粉末，讓表面看起來灰白髒污。

白華（efflorescence）又稱為**壁癌**（wall cancer）、**游離石灰**（free lime）等。efflorescence原意是開花、結晶等。白華一詞源於白花。然而，實際上，白華並非那麼詩情畫意的事物。

石灰在廣義上是指鈣或鈣化合物，狹義上則指氧化鈣（生石灰）、氫氧化鈣（消石灰）等。這裡的游離石灰是鈣及鈣化合物的意思。實際的白華也含有鈣化合物以外的物質，但概稱為游離石灰。

雖然白華多半不會造成結構問題，卻有嚴重的美觀問題。白華可以用刷子水洗去掉。此外，也可以塗布白華防止劑。再者，可以塗裝表面，達到讓水不會滲入的效果。

混凝土中的成分和水從冷縫或裂縫等水路一起溶出，水在表面蒸發，也會產生結晶的現象。這時必須進行覆蓋裂縫等修補。

Q 水泥浮漿是什麼？

▼

A 預拌混凝土凝固時浮上表面的不純物。

水泥浮漿（laitance）是灰白色的顆粒狀薄層，就像火鍋料理中浮在表面的渣。

預拌混凝土正在凝固時，部分的水會浮上來。水從預拌混凝土中浮上表面的現象，稱為**泌水**（bleeding）。微細的不純物和這些水一起浮上表面，就像湯渣一樣浮現表面。

這些不純物是石灰的粉等，析出原理和白華相同。相對於白華是預拌混凝土凝固後慢慢析出，水泥浮漿則是在澆置預拌混凝土時析出。

水泥浮漿→預拌混凝土凝固時析出
白華　　→從凝固後的混凝土中慢慢析出

如果混凝土表面出現水泥浮漿，這時在上面連續澆置混凝土，有混凝土無法成為一體的危險。因為水泥浮漿層會妨礙一體化。混凝土連續澆置面的水泥浮漿，必須用鋼絲刷、砂紙、高壓清洗等方式去除。

塗裝混凝土面時，也要去除水泥浮漿。如果沒有去除水泥浮漿就塗裝，會發生塗膜分離（film splitting）。

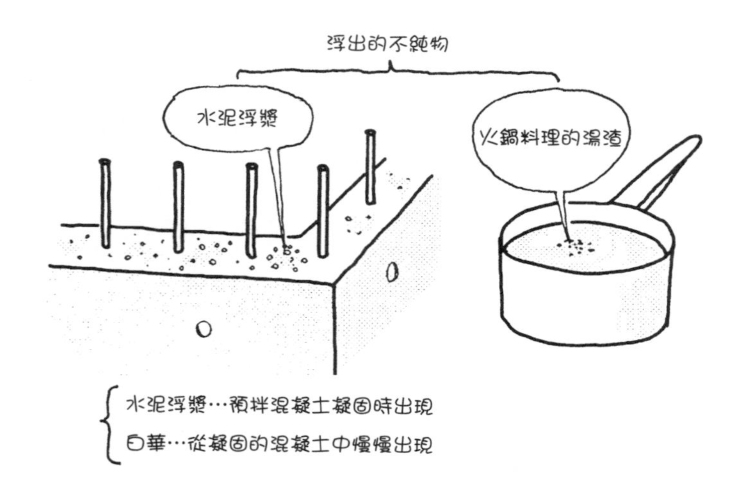

Q 錨定物是什麼？

A 像船錨一樣，把某個東西牢牢固定於其他東西上的物件。

錨栓（anchor bolt）是牢牢固定、拴住用的螺栓。木造的基座（bed）固定於混凝土基礎上時，就要使用錨栓。錨栓是在澆灌基礎的混凝土之前，先放入模板中，與混凝土一體化。這個錨栓穿過基座的洞，然後用螺帽（nut）從上方拴裝，基座就錨定在基礎上。

鋼骨的柱固定於基礎上時，也使用錨栓。建築規模更大時，為了避免建物整體從崖上落下，有時會錨定在崖的對側的地盤上。

錨定物是建築中常用的詞彙，所以請記住。

Q 化學錨栓是什麼？

▼

A 為了之後把鋼筋或螺栓埋置（錨定）在混凝土中，利用化學作用接著的錨定物。

chemical anchor（化學錨栓）直譯是「化學的錨」。在混凝土上開洞，然後只是插入鋼筋，馬上就會被拔出。為了讓硬化的混凝土與鋼筋一體化，在洞中放入接著劑。

化學錨栓開發了各種產品。通常是在膠囊中放入藥劑，以螺栓或鋼筋推壓破壞膠囊，攪動藥品促進化學反應，以達到硬化。

施工順序如下圖，首先用鑽孔機鑽洞，清潔洞內。然後放入藥品，以鋼筋插搗攪拌。接著放置一段時間凝固之後，鋼筋就會與混凝土一體化。

耐震補強中後續加鋪混凝土，或在既存RC上增建，或是設置錨栓來增設新的鋼骨結構等情況，多半會用到化學錨栓。

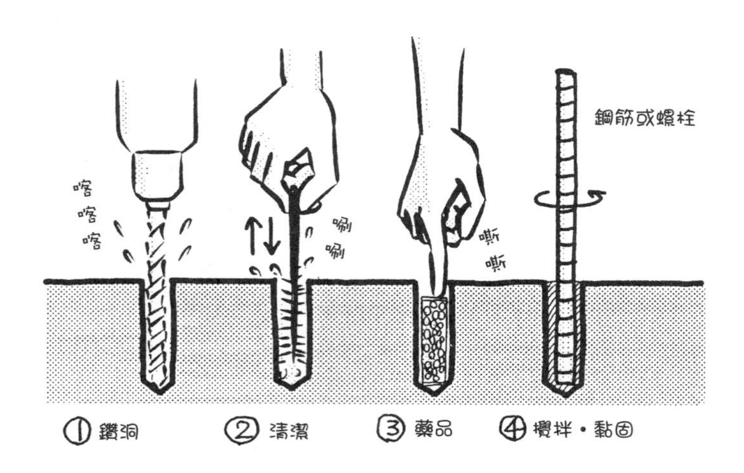

Q 膨脹錨栓是什麼？

▼

A 打擊錨頭（anchor head）等，增寬內部，無法從混凝土中拔出的錨定零件。

hole in anchor（膨脹錨栓）直譯是「放入洞中的錨」。如下圖，在混凝土上鑽洞，清潔洞內。然後插入膨脹錨栓，打擊錨頭。這樣一來，內部增寬，就無法從混凝土中拔出，表示錨定在混凝土中。錨頭的螺桿部分可以用螺帽拴裝，方便裝置簡單的金屬構件等。然而，膨脹錨栓對拔除的抵抗力不強，不適用於接合鋼筋或錨栓等結構。

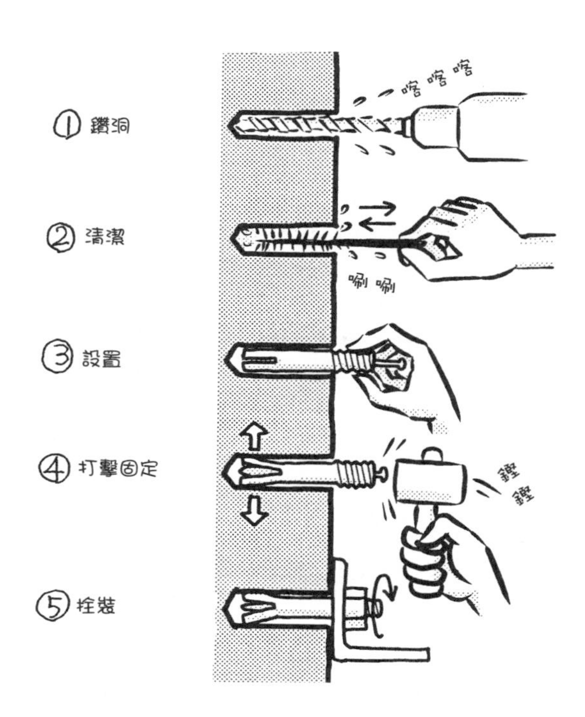

Q 混凝土塞是什麼？

A 放入螺釘，增寬內部，無法從混凝土中拔出的錨定零件。

plug是栓、填充物、（電氣）插頭等之意。這個小零件放入某個東西當中，作為填充物。

混凝土塞（concrete plug）是樹脂製或金屬製的圓筒狀零件，中央開洞。洞中放入螺釘旋緊後，周圍會撐開，形成錨定在混凝土中的構造。隨著螺釘種類和螺桿直徑不同，有各式各樣的市售混凝土塞。

把板固定於混凝土上、固定鉤、固定扶手等固定輕量物件時，會用到這種零件。這些情況當然不需要用到錨栓這類結構。定位螺塞（plug anchor）有時會和膨脹錨栓一起使用。

從結構強度的觀點來看，可以把錨定物歸納如下：

化學錨栓＞膨脹錨栓＞混凝土塞

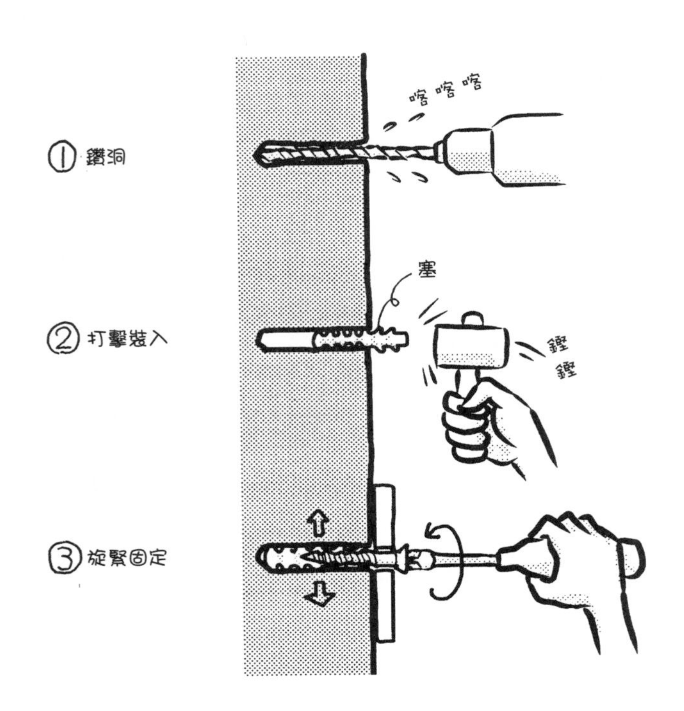

Q 混凝土釘是什麼？

▼

A 直接釘入混凝土中的釘子，用於內裝工程等。

進行內裝工程時，經常將木頭角材固定於混凝土軀體上。例如鋪貼地板時，先把角材放置在地板上，上方鋪板，再貼附地板材。這樣地板才會柔軟。這時使用混凝土釘（concrete nail）就很方便。

不需要用鑽孔機一個一個鑽洞埋置螺塞，直接用鎚子打擊釘子就能釘入。混凝土釘製作的硬度，強度可以與混凝土的硬度相抗衡。普通木造用的釘子很容易折彎。

因此，固定不需要高耐力的內裝材時，使用混凝土釘。

Q 窗框錨栓是什麼？

▼

A 埋置在混凝土側，裝置窗框用的鋼筋等。

在混凝土上裝置鋁製窗框時，不能像木造一樣，使用木螺釘裝置在柱或間柱（stud）上；必須預先在混凝土中埋置鋼筋等，然後熔接裝置。

下圖中①是成為窗框錨栓（sash anchor）的鋼筋，使用9mm鋼筋（9ϕ）等。然後，熔接到②的鋼板上。窗框與軀體之間的間隔，預留可放入焊條（welding rod）的空間大小。

鋼板做成能夠滑入窗框軌道的形式，形成可以移動到窗框錨栓位置的構造。因為難以預先取決正確的位置，所以做成能夠滑動的形式。

②的鋼板有時也稱為窗框錨栓。此外，成為窗框錨栓的鋼筋，還有更容易裝置到混凝土模板上的現成品。

窗框固定之後，在窗框與軀體之間的縫隙填充砂漿（加入防水劑的防水砂漿）。在窗框與軀體之間，外側會滲入雨的部分灌入密封材。這裡所用的密封材是矽類密封材。由於兩者都會移動，加入墊材，兩面接著。

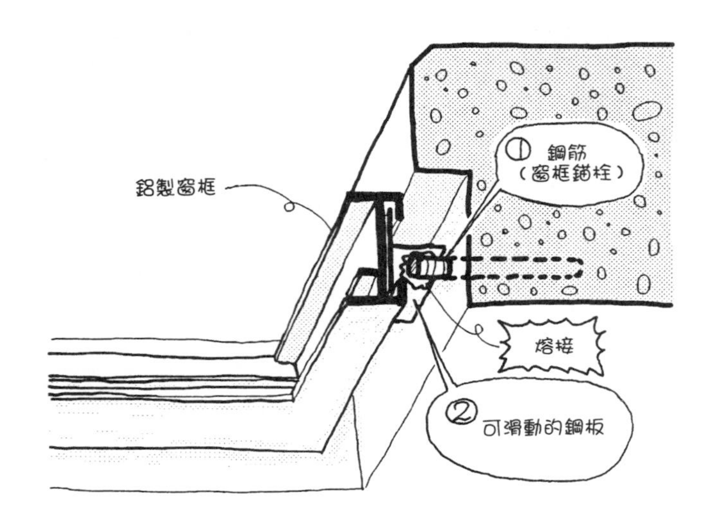

Q 金屬嵌入件是什麼？

▼

A 事先埋置在混凝土中的陰螺紋零件。

化學錨栓和膨脹錨栓等是後續附加埋置在混凝土中的零件。金屬嵌入件（metal insert）則是在模板階段先裝入，澆置預拌混凝土凝固後，埋置在混凝土中的金屬構件。insert是插入、置入之意。金屬嵌入件是陰螺紋，外部嵌入（insert）的是陽螺紋，所以用insert這個字指稱嵌入件。

金屬嵌入件有鋼鑄件等各式各樣的產品。這時會在圖面上註明嵌入鑄件（insert casting）等。鑄件是熔解金屬等，注入模具（鑄模〔mold〕）中做成的物件。

鋪貼天花板時，首先要懸吊作為天花板基礎的鋼製軌道。懸吊用的9mm直徑的螺栓（陽螺紋），必須固定於RC樓板上，這種螺栓稱為**懸吊螺栓**（hanging bolt）。

在懸吊螺栓的位置上，事先埋置金屬嵌入件。以縱橫90cm間隔埋置金屬嵌入件，把懸吊螺栓放入旋緊，然後裝置天花板基礎。

金屬嵌入件多是以上述方式裝置在RC樓板下方的金屬構件。

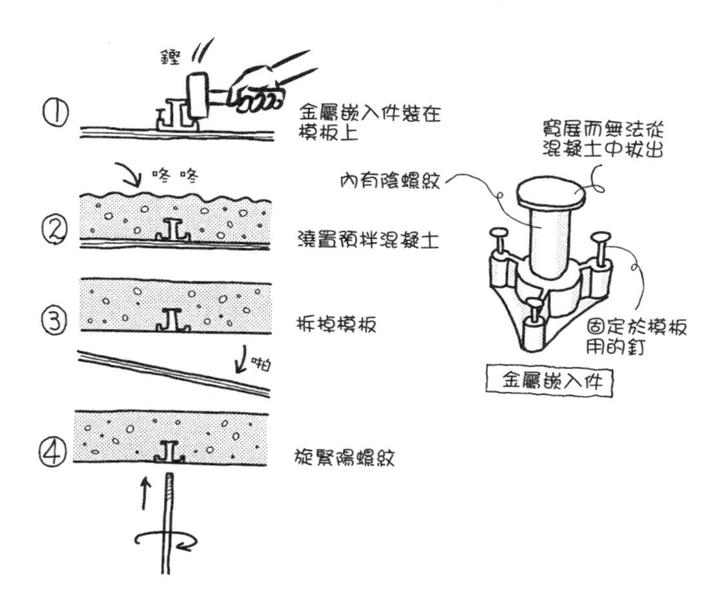

Q 箱型金屬嵌入件是什麼？

▼

A 事先埋置在混凝土中的金屬嵌入件的一種，用於固定木製吊木。

嵌入的不是螺栓，而是板狀金屬構件。從這個金屬構件上的開洞，釘入釘子或螺釘，固定吊木。

如果天花板的基礎（龍骨〔ceiling joist〕）是木製，必須使用箱型金屬嵌入件（box-type metal insert）。雖然也可以用螺栓懸吊木製龍骨，但一般使用木製吊木。

箱狀部分是插入（嵌入）板的部分。如果沒有一定的深度，無法支撐板，所以做成箱型。

箱型金屬嵌入件一樣以縱橫90cm間隔放入。吊木也以90cm間隔裝置，和木造的龍骨結構相同，所以能夠懸吊天花板。

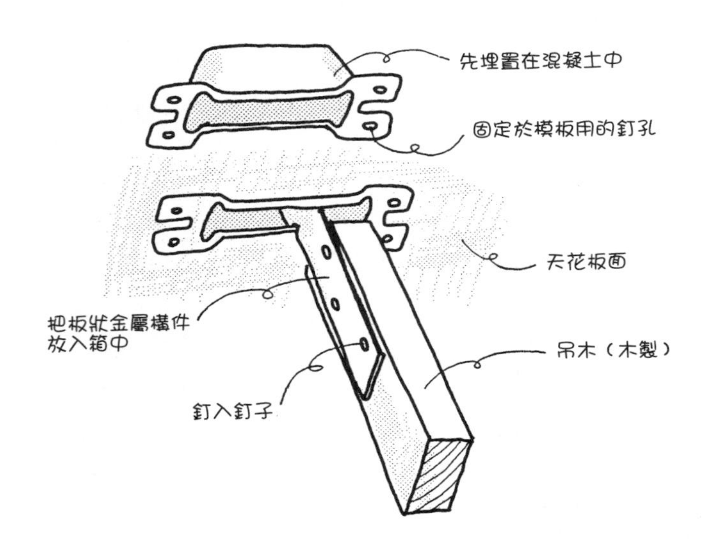

Q 從外牆的頂點部分、平屋頂處向上方突出的部分叫作什麼？

▼

A 叫作女兒牆。

如果堆積在平屋頂上的灰塵在雨水沖刷下沿著外牆流下，外牆很快就會變得又黑又髒。這不僅是髒污問題，雨水順沿而下也容易讓牆受損。

因此，把外牆的頂點部分建得略高於屋頂，就像盤子一樣，讓雨水不會流出到外牆。這就是女兒牆。女兒牆上部和女兒牆厚度的突出部分也是，如果做成平坦狀，水還是可能流到外側，所以這些部分必須朝向建物內側傾斜。

平屋頂整個面都做防水，但在女兒牆部分會做直立面防水層。這個防水直立面部分非常重要，如果隨便施工，會造成漏雨或立即劣化。

Q 平屋頂的防水方法有哪些？

▼

A 有瀝青防水（asphalt waterproofing）、板材防水（sheet waterproofing）、PU塗膜防水（polyurethane membrane waterproofing）等。

如R044提到的，瀝青是從原油提煉出汽油、燈油（煤油）、輕油、重油等後的殘渣。因為是油，具有撥水的性質，常用於防水。

瀝青防水是貼附瀝青防水氈（sheet），再塗上熱溶瀝青，然後上面再貼附瀝青防水氈，反覆施作幾次同樣的程序，做成防水層。

如果會在屋頂上行走，在瀝青防水層的上面，有時會澆置輕量混凝土作為保護層。輕量混凝土是在骨材中使用輕石的輕質混凝土。

板材防水是把合成樹脂做成的板材，用接著劑黏貼在屋頂樓板的方法。板材和接著劑的性能不斷提升，所以板材防水和瀝青防水同樣獲得廣泛使用。

PU塗膜防水是塗上聚氨酯（polyurethane）做成的塗料，做成防水層。先黏貼基材，上面塗上聚氨酯，再用稱為保護膜（topcoat）的塗料來塗裝上部。

其他還有不鏽鋼防水（stainless steel waterproofing）、FRP防水（fiberglass reinforced plastic waterproofing，玻璃纖維強化塑膠防水）等各種防水方法。

女兒牆部分有直立面防水層，所以雨水容易從這裡滲入。女兒牆就像盤子外緣部分。屋頂面的雨水都集中在邊緣，如果邊緣施工不當，馬上就會漏雨。這是防水工程中最令人費神的地方。

Q 收集雨水流到排雨管處所設置的排水口或排水口金屬物件叫作什麼？

▼

A 叫作落水頭（drain）、屋頂落水頭（roof drain）。

落水頭是平屋頂上開洞的地方。在這個開洞的地方，必須注意用防水層捲入納進落水頭，以免漏雨。

平屋頂上部堆積的灰塵或垃圾，會聚集到落水頭。為了避免垃圾堵塞排雨管，通常會用網狀金屬物件蓋住落水頭。

落水頭金屬物件有垂直向下落水型、橫向排水型等，必須根據排雨管的位置，選擇落水頭金屬物件。

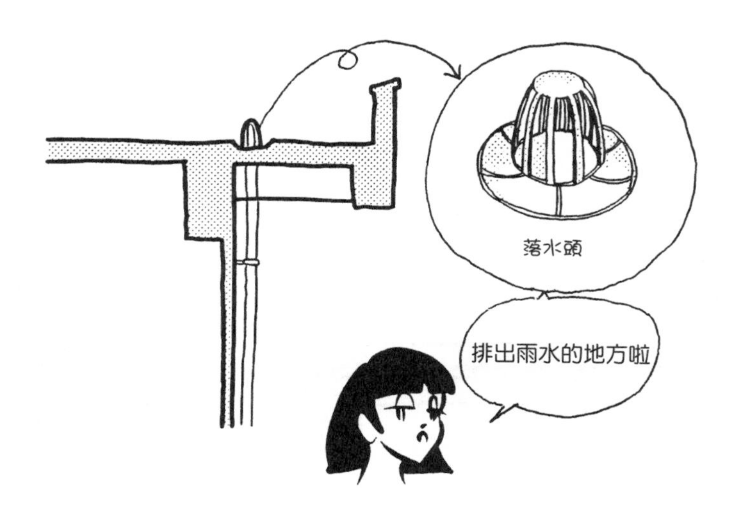

Q 女兒牆頂部為什麼做成下顎狀？

▼

A 防止水滲入防水層的直立面部分。

防水層的直立面部分會用各種方法壓平。採用瀝青防水時，防水層的直立面部分放上磚來壓平，防止浮起。這時壓磚的部分與防水層的直立面部分，一起被女兒牆的壓頂（coping）覆蓋。用壓頂覆蓋，就能防止水滲入防水層與混凝土軀體之間，還能同時保護壓平的部分。

壓頂下方做出細溝，目的是避免返水，讓水直接落下，稱為**洩水溝**。洗臉時水從下顎滴下，這是因為下顎是尖的，能夠發揮洩水溝的效果。

板材防水通常不會這麼大費周章地製作壓頂。這種防水方法多半是將板材上折，再以長型平板的不鏽鋼壓條或鋁壓條壓平，用小螺釘（vis）固定。當然，製作壓頂的作法，能有更令人放心的防雨處理。

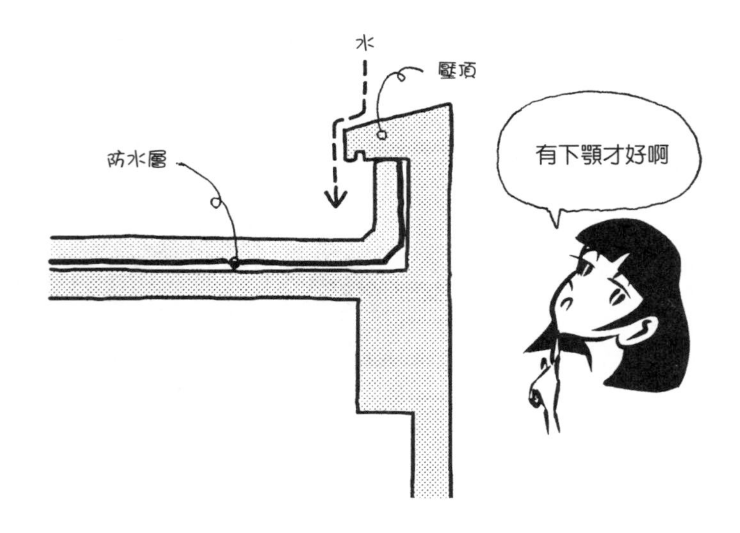

Q 女兒牆頂部如何修飾？

▼

A 不鏽鋼製蓋板（cap）、鋁製蓋板、鋪石、貼磚、塗砂漿、在混凝土上塗裝、清水混凝土等。

女兒牆頂部不僅能保護防水層的直立面部分，也是外牆的頂點。除了防水之外，還希望有具創意的修飾方式。

如下圖，如果是覆蓋金屬蓋板的修飾方式，防水上最令人安心。蓋板的日文稱為「笠木」，指裝置在外廊或室外樓梯的扶手或扶手牆（拱肩牆）、女兒牆上部等處的橫木。即使不是木製，日文中仍習慣稱為笠木。

在金屬蓋板中，不鏽鋼的耐久性和強度等最強，但價格貴。鋁製蓋板也是可行的。如果較不在乎外觀和耐久性，彩色鋼板也可以做成蓋板。

另有鋪石或貼磚的修飾方式。採用這種修飾方式時，如果石頭或磁磚的接縫出現裂縫，雨水會從裂縫處滲入。

另外，也可以把砂漿做成厚度2～3cm來作為蓋板，不過砂漿容易產生裂縫，最好避免使用。

還有只在混凝土上進行塗裝的修飾方式，但若混凝土出現裂縫，塗膜也會破裂，導致水滲入。雖然也有具彈性塗料的塗膜，卻非萬能。

至於清水混凝土的修飾方式，除非澆置得非常均勻漂亮，否則必須修補表面，結果導致雨水容易滲入，基本上應該盡量避免。

因此，若預算許可，最好的作法是在女兒牆頂部裝置不鏽鋼製或鋁製的蓋板。

Q 清潔或修理牆或窗用、能穿過繩子的金屬構件，裝置在女兒牆的哪個地方？

▼

A 裝置在壓頂的前端。

穿繩用的金屬構件，稱為**金屬吊環**（metal hanger）或**圓環**（round ring）等。

如果金屬構件裝在防水層的直立面部分，金屬構件裝置的部分會貫穿防水層。這類構件裝置在女兒牆頂部時，為了不損傷蓋板，最好裝置在女兒牆側面壓頂前端的位置。

為了讓金屬構件與混凝土一體化，把金屬構件釘入混凝土內部 30cm 深；再者，為了使金屬構件不易拔出，在橫方向約熔接兩根長約 60cm 的鋼筋（或不鏽鋼筋）。因為這樣的鋼筋形成像髮簪一樣橫向突出的形狀，所以稱為**髫子筋**（hairpin reinforcement）。金屬構件在模板階段就先放入，澆灌混凝土後固定。

預先裝上這類金屬吊環，維修清潔就非常方便。沒有這類金屬構件的屋頂，就沒有繫綁繩子的地方，會很麻煩。

Q 屋頂上只放入電梯或樓梯的小型建物叫作什麼？

▼

A 叫作塔屋（tower）、屋頂突出物（penthouse）。

只有樓梯的是屋頂樓梯間（stair turret），內有電梯機房的是升降機塔（elevator tower）。升降機就是指電梯。

penthouse有時也指有豪華頂樓的高樓層高級住宅。

塔屋有通往屋頂上的出入口，所以必須考量這個部分的防水。如果門的下方和屋頂上的地板是同樣高度，雨水會滲入塔屋內，所以仍然需要防水層的直立面。

如果是電梯機房，就必須考量當電梯停在頂樓時，上方需要多少空間，樓板的位置在哪裡。

在日本建築基準法中，如果塔屋的高度或樓層數是建築面積的1/8以下，有不計入面積計算的優惠；法律上也是屬於會特別處理的部分。

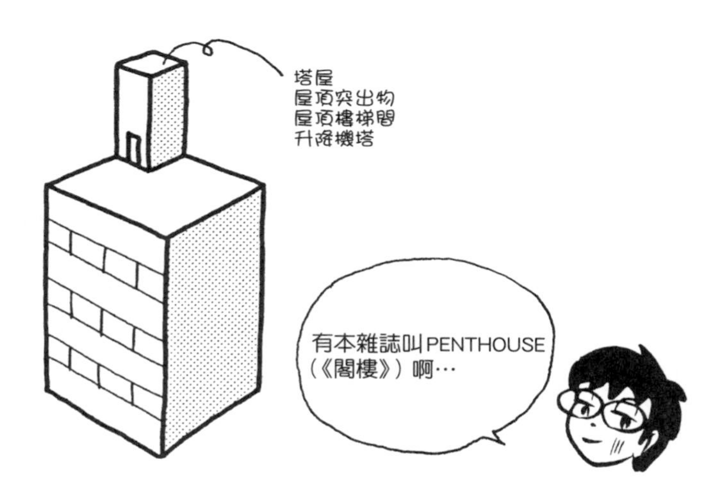

Q 塔屋的地板高程為什麼要高於屋頂上地板高程？

▼

A 為了防止雨水滲入，必須確保防水層的直立面。

如果塔屋與屋頂上的地板高程（floor level）相同，無法做出防水層的直立面。如下圖左，如果打開門，屋頂上與塔屋的地板在相同高程銜接，即使門沒有打開，雨水也會滲入。

因此，如下圖右，把塔屋的地板提高50cm，作為防水層的直立面尺寸。如此一來，和盤緣的道理一樣，雨不會流入塔屋側。總之，與女兒牆同樣道理，塔屋的牆也必須有防水層的直立面。

塔屋地板提高的部分，必須建造一、兩階樓梯。這些樓梯設置在防水層上面。

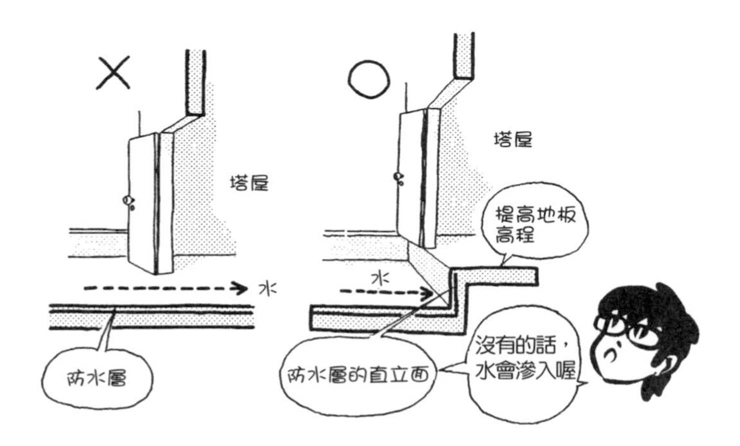

Q 為了納入屋頂上防水層的直立面，必須在塔屋屋頂上的牆或門的出入口下方做壓頂嗎？

▼

A 如果可以的話，要做壓頂，這是納入防水層的直立面較佳的方式。

不做壓頂，仍有簡單的方法可以納入防水層的直立面。然而，考量雨水滲入問題，用壓頂覆蓋直立面部分整體是比較安全的作法。

從塔屋的腳牆部分突出壓頂，下方納入直立面。如果出入口的門下方部分做壓頂，雖然人的出入較不方便，但可以在壓頂上面的部分埋置防滑磚（刻有不易滑的溝的磁磚）等，用這些措施來解決問題。

由於塔屋地板比屋頂上地板提高50cm，若如下圖建造一階樓梯，就容易出入。這階樓梯是在防水層上面澆置壓制用的混凝土後做成。這個樓梯也裝有防滑磚等。

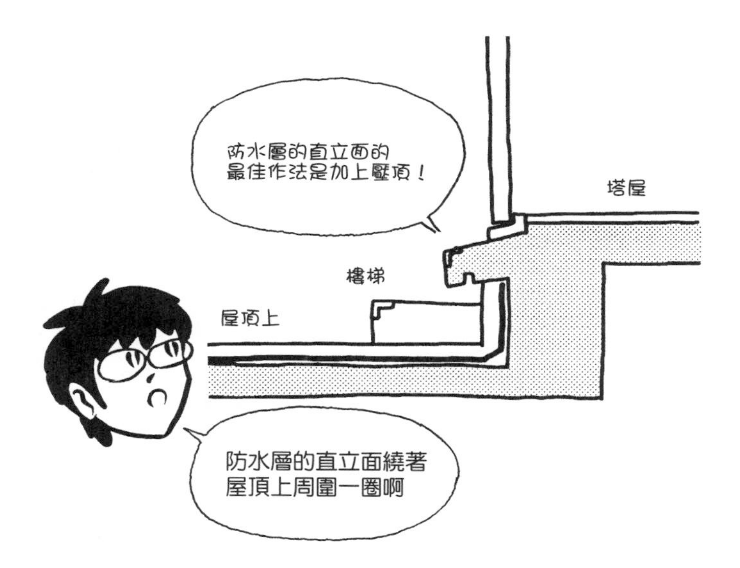

Q 為什麼防水層上面要澆置輕量混凝土？

▼

A 原因有二，一是壓制防水層，防止向上折起；二是保護不受腳踏、陽光、風雨等的損傷。

在大型的屋頂或屋頂上的防水中，經常在防水層上面澆置10cm高的輕量混凝土。因為是從上方壓制澆置混凝土，所以稱為**混凝土保護層**（protective concrete layer）。

從上方壓制達到的作用，包括防止防水層因颱風等強風向上折起、防止防水層本身呈波浪狀、防止隨內部的水蒸氣膨脹而隆起。此外，還能防止屋頂上有人行走等因步行而損傷防水層、防止太陽光線或風雨造成劣化。大體上，有壓制用和保護用兩項原因。

輕量混凝土不是加入普通礫石，而是加入輕石或人工輕量骨材（利用燃燒炭渣等做成）的輕質混凝土。相較於普通的混凝土，輕量混凝土重量約一半，由於重量輕，經常作為混凝土保護層。通常輕量混凝土本身不具有結構強度。

Q 如何防止混凝土保護層產生裂縫？

▼

A 放入熔接金屬構件，留出伸縮縫空間。

熔接鋼筋網（welded steel fabric）是直徑6mm（6ϕ）的鋼筋，以縱橫10cm間隔（@100）的熔接而成，符號記為「6ϕ@100」。如果澆置混凝土時一起放入鋼筋網，鋼筋發揮縱橫向的張力，就不容易產生裂縫。

伸縮縫是混凝土3m切開3cm寬度的接縫，讓混凝土不會銜接在一起。若混凝土受到太陽的熱等反覆膨脹收縮，就會導致裂縫。為了釋放這個「伸縮」的力的「接縫」，所以稱為伸縮縫。

接縫以瀝青製等的填縫劑（joint mixture）填充。接縫必須到達下面的防水層，才能讓混凝土不會相互銜接。如果防水層上面直接澆置混凝土保護層，混凝土移動時，防水層也會隨之移動，導致防水層有破損之虞。因此，先鋪上一張絕緣布，然後上面再澆置混凝土保護層。

Q 瀝青防水隔熱工法是什麼？

▼

A 在瀝青防水層上鋪隔熱材的工法。

在RC屋頂樓板上鋪隔熱材，就可以避免RC屋頂樓板忽熱忽冷。換言之，膨脹收縮情形消失，RC屋頂樓板也不易產生裂縫。

室內開暖氣時，由於隔熱材在樓板上方，樓板本身也和室內一起變暖。混凝土的質量非常大，蓄熱的熱容量也大，雖然不易升溫，但一旦升溫就不容易冷卻。

這就是一般所稱的外隔熱（external insulation）的方法，就像把外套（棉被）覆蓋在建物外側。熱容量大的RC部分納入室內側，溫度變化少，能夠實現舒適暖和的環境。此外，RC本身也不會膨脹收縮等，RC的耐久性也大增。

隔熱材使用厚度3cm的聚苯乙烯泡沫塑料（polystyrene foam）等。這種塑料像發泡性聚苯乙烯（expandable polystyrene）一樣有很多氣泡，在氣泡中加入不易傳熱的氣體。

以往會在隔熱材上方鋪防水層，混凝土保護層的重量壓壞隔熱材，防水層也一起下陷，防水層的直立面部分防水層裂開，各種問題層出不窮。解決對策是就在RC樓板上直接鋪防水層。

鋪設順序是 RC屋頂樓板→防水層→隔熱材→絕緣布→混凝土保護層。

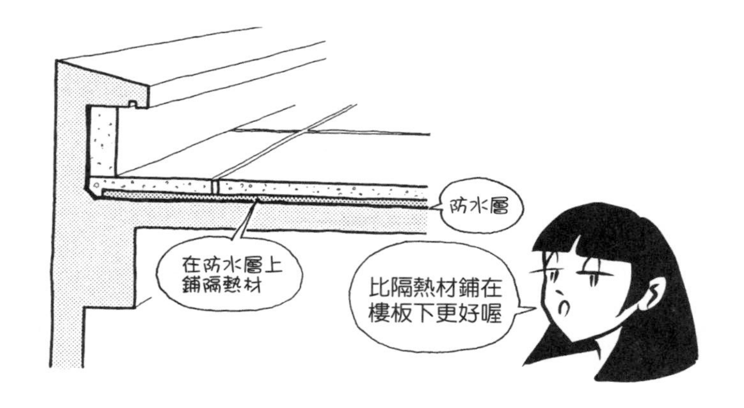

Q 平屋頂屋頂上的扶手裝在哪裡？

▼

A 如下圖，裝置在女兒牆的蓋板、女兒牆的壓頂、混凝土保護層上的基礎上面。最理想的方式是建好基礎再安裝。

支撐扶手的柱稱為**扶手支柱**（baluster）。扶手支柱應該裝在哪裡，其實是需要考慮周詳的問題。安裝扶手支柱不能貫穿防水層，稍微倚靠就輕易損壞又很危險。

在混凝土保護層上澆置20cm的基礎，然後再裝上扶手支柱，是最理想的作法。混凝土保護層修飾之後，只有鋼筋向上伸出，然後用混凝土建好高20cm的箱型基礎。扶手支柱埋置在這個箱型基礎中。如果是鋁製扶手，先埋置好螺釘，再用螺栓拴裝固定。

扶手支柱裝在女兒牆上時，最好和圓環一樣裝在壓頂前端。裝在那裡不會讓蓋板受損，雨水也不易滲入。澆置女兒牆之前，先放入支撐扶手支柱的鐵板，澆置完成後，把扶手支柱熔接裝置到鐵板上。

如果扶手裝在女兒牆的頂部、蓋板部分，使用金屬蓋板就必須在裝置的地方開洞。雨是從上落下，這種作法容易讓雨水滲入。若從扶手支柱的底部開始滲水或讓蓋板受損，容易引發各種問題。

一般來說，在狹窄的外廊，扶手支柱裝置在女兒牆的壓頂；在寬廣的屋頂上空間，則建好基礎再安裝扶手支柱。

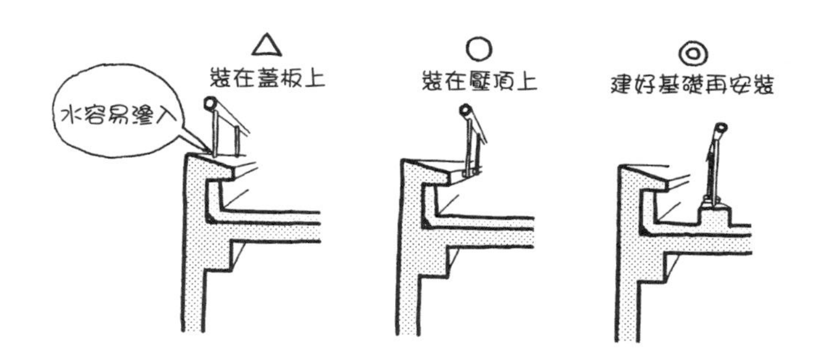

Q 裝在建物上用以維修屋頂的梯子叫作什麼？

▼

A 叫作輕便階梯（trap）。

trap通常是「陷阱」之意，但排水用的S 型管、U型管、碗型存水彎等防止臭氣傳上來的存水彎同樣叫作trap。建築中的trap是「輕便階梯」。船或飛機乘降用的梯子，一般習慣稱為trap。

如果有登上屋頂的輕便階梯，屋頂維修就非常方便，包括防水檢查、修補、落水頭清潔、電視天線調整等。用直徑2.5cm（25 ϕ ）大小的不鏽鋼管等，就可以做成輕便階梯。

澆灌混凝土之前，預先埋置不鏽鋼板，然後再用螺栓或熔接方式裝上輕便階梯。

為了防止兒童嬉戲攀爬，輕便階梯不做到最下方，而是只做一半，就像利用活梯（stepladder）攀爬的方式。此外，輕便階梯周圍也會做防止墜落用的柵欄。

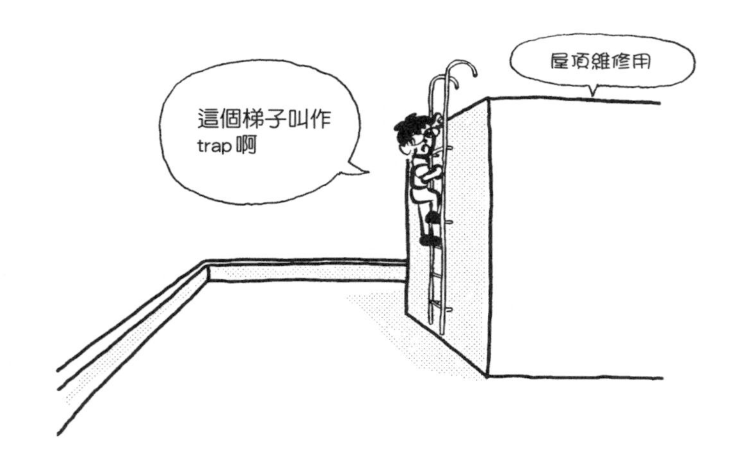

Q 裝有活板門通往下方樓層用的洞叫作什麼？

▼

A 叫作升降口（hatch）。

想像一下潛水艇的入口，就容易了解為什麼叫作hatch。hatch和trap一樣，都是船和飛機的用語。這個詞主要是來自船，製作在甲板上裝有活板門（trap door）以進入船艙的出入口，就是hatch（艙口）。因此，船或飛機裝有門的出入口也就被稱為hatch。活板門這種能夠向上拉起的蓋子，也可稱為hatch。

建築中的hatch，代表例子是做在外廊的避難升降口。打開升降口，就有折疊式逃生梯，成為降下梯子便能避難到下方樓層外廊的構造。洞口50cm見方，必須讓人可以通過。作為避難升降口時，上下樓層的升降口位置要略微錯開，防止人墜落。

地下的設備坑或通往機房的出入口，也會有升降口。必須搬入機器時，採用大型升降口，或者並排兩個升降口同時打開成為大洞。

Q 屋頂配管取出口是什麼？

▼

A 當設備配管貫穿屋頂上防水時，做直立面防水層，建成小屋，然後從那裡把配管導引到屋頂上。這種小屋叫作屋頂配管取出口（roof piping outlet）。

如果直接貫穿防水層，雨會從配管與防水的縫隙滲漏。因此，經常蓋這類小屋加以因應。因為這樣的小屋與飼養鴿子的小屋相似，日文通稱為「ハト小屋」（鴿棚）。

屋頂上的防水層與屋頂配管取出口相交部分，仍然必須做直立面防水層。和女兒牆的情況一樣，裝上壓頂納入直立面防水層，才有令人放心的防雨處理。

屋頂上設置配電箱（cubicle，受變電設備）或大型空調室外機時，多半也必須做屋頂配管取出口。

排氣用配管貫穿到屋頂上時，有時不做屋頂配管取出口，而是做直立面防水層，用金屬構件直接貫穿。這種作法的構造是防水層直立面仍包覆金屬構件周圍，讓配管通過其中。此外，為了防止雨從上方滲入，配管的上方裝上蓋子。

另外，有時不做屋頂配管取出口，而是配管沿著外牆，然後跨越繞過女兒牆。這是冷氣室外機的冷媒管或電氣的配線等採取的作法。然而，配管露出在外，不甚美觀。

Q 為什麼室內的地板比外廊的地板高？

▼

A 為了做直立面防水層，防止雨水滲入室內。

為了留出防水層的直立面尺寸，室內側的地板必須提高20cm。

如果外廊與室內的地板同樣高度，必須在窗的下方建造20cm的牆。出入露台的窗希望做成落地開啟的落地窗（French window），通常會降低外廊的地板。

降低地板時，不只是修飾部分，RC軀體也必須降低。RC軀體的樓板在同一高度，只是提高地板，水還是容易滲入。

如果想要建造無障礙的平坦地板，可以在外廊地板上面，再做一塊像地板格柵板（floor grate）一樣，水從下方流過的地板。

雨水從外廊的窗下滲入，造成雨水漏到下方樓層的房間等問題層出不窮。外廊防水層的直立面和屋頂的情況一樣，都必須審慎注意。

Q 為什麼浴室的地板比更衣室的地板低？

▼

A 為了留出防水層的直立面〔譯註：日本的浴室多採乾濕分離，所以有浴室與更衣室之別〕。

浴室的地板與屋頂及外廊的情況一樣，也必須留出防水層的直立面。如果防水層整體沒有呈盤狀，水會滲入其他部分。

若RC樓板保持平坦狀納入浴室（下圖左），因為必須有防水層的直立面，入口的門下方要提高。從更衣室進入浴室，必須跨過20cm的門檻才能進入，使用不便又容易絆腳。廉價公寓或許不在乎，分戶共管式大廈卻不容許這種情況。因此，經常採取的作法是將RC樓板做出高低差（下圖右），再做出防水層的直立面。如此一來，就不需跨過20cm的門檻，只要走下一階即可。

整體浴室（unit bath room）以同樣的方式納入〔編註：整體浴室是將構成浴室單元的所有組件集合配備為具各類功能的一整體，天花板、底盤、牆板、馬桶、浴缸等各組件預先設計為標準規格，運至現場進行組裝，可拆卸，可移動〕。整體浴室原本就做成盤狀，所以能夠處理水的問題。然而，如果要提高盤緣，就和普通的浴室一樣，必須做出RC樓板的高低差。若是不希望改動RC樓板，門檻必須提高20cm。

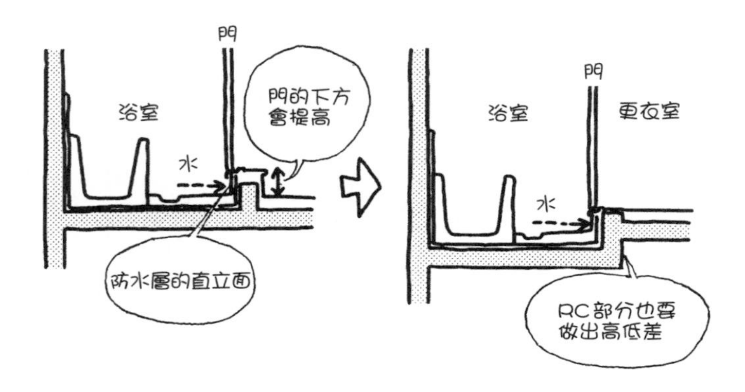

Q 如何讓浴室與更衣室的地板相同高程？

A 在浴室入口的地板處做出溝，在溝的上方架上格柵板。這是用溝來防止水滲入更衣室的構造。如此一來，地板就能做成同一平面。

格柵板是排水用的網狀蓋子。使用的格柵板包括格子狀，以及金屬板上鑿有許多小孔的沖孔金屬網板（punching metal plate）等。

由於人會出入行走在浴室入口的溝上面，如果使用沖孔金屬網板會有彎曲之虞，所以經常採用以數根不鏽鋼方管（steel square pipe）並排的格柵板。

利用RC樓板的高低差、溝＋格柵板等的設計，能夠讓浴室與更衣室的地板齊平。建物的玄關部分也是一樣，若希望與地板齊平，可以用這種溝＋格柵板的作法來因應。建造無障礙地板時，絕對必須考慮防水。在RC樓板上納入排水管時，由於浴室地板下必須有放入排水管的空間，樓板要有相當大的高低差。分戶共管式大廈的排水管修理必須在該住宅單位內部處理，原則上在樓板上配管。

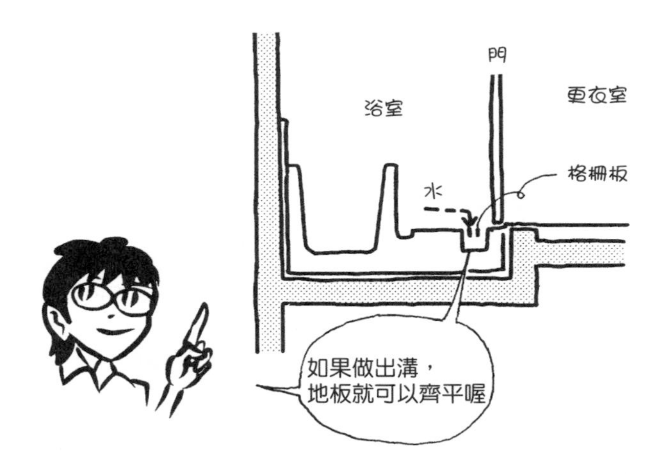

Q 在RC軀體裝設窗框時，並非裝在RC外牆的同一平面，而經常是挖開RC牆內側做壓頂，把窗框裝在壓頂的深部，為什麼用這種方式安裝？

▼

A 從正面看，密封材的位置在側面，可以防雨，外觀也會更美觀。

窗框與RC軀體的縫隙以密封材固定，防止水滲入，如果窗框與軀體納入同一平面，密封材直接接觸雨或陽光，又讓水容易滲入，窗框容易受損。窗框可說是只靠密封材來安裝。

此外，RC軀體還必須做成直角的尖角。如果是貼磚或鋪石還無妨，但若在混凝土上塗裝修飾，只能在RC軀體上做成直角的尖角。想當然爾，這樣容易缺損剝落，如果把窗框直接固定在那裡，水容易滲入。再者，要留出面的時候，必須把窗框向內側移，才能留出面的部分。

如下圖，挖開（挖鑿）RC軀體，在軀體上做出顎部的形狀，如果窗框裝設在其中，密封材成為在壓頂的內側，不會直接接觸雨或陽光。從正面看，也不容易看到密封材，外觀才漂亮。

雨水的處理方式稱為防雨，像納入RC軀體內部一樣裝設窗框，有利於防雨。順帶一提，這裡的密封材通常是使用矽密封材。

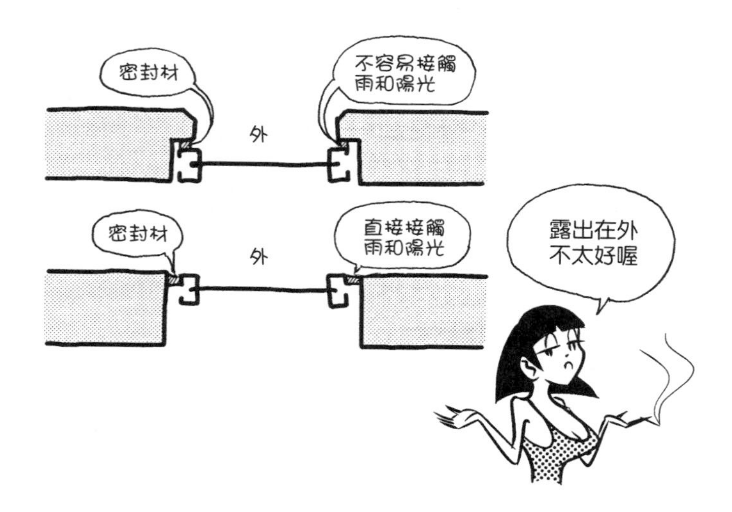

Q 裝入窗框用的RC軀體上的洞，其下方牆的部分是什麼形狀？

▼

A 如下圖，切割成向外側傾斜的形狀。

上部與左右的軀體部分相同，都做壓頂，把窗框裝在內側。這種情況下密封材朝上，形成水不容易滲入的形狀。

下部做成向外側傾斜，萬一水滲入也能向外流出。在向外側傾斜的RC軀體上，裝上洩水板（draining board）。使用鋁製窗框時，通常使用鋁製洩水板現成品。構造是水落到洩水板上會向外流出。為了讓水容易流動，做成洩水板前端突出RC軀體外的形狀。

洩水板與軀體之間做密封，洩水板與鋁製窗框的裝置部分也要密封。這裡仍然使用矽密封材。

Q 窗框與RC軀體之間的縫隙會填充什麼？

▼

A 填充防水砂漿。

RC軀體側事先會埋置鋼筋（接合鋼筋）等金屬構件。藉由熔接固定窗框側的金屬構件與軀體側的金屬構件，來固定窗框。軀體側的金屬構件稱為**窗框錨栓**。

為了熔接窗框錨栓，必須有能夠放入熔接用機械的縫隙，否則無法作業。也就是說，必須有可以放入焊條（噴出熔接火花的棒狀物）的縫隙。

窗框錨定（固定）後，留下這個縫隙，如果對這個縫隙置之不理，水容易滲入。雖然密封材能夠擋水，但必須防備密封材破損時的滲水。

因此，填充防水砂漿。防水砂漿是在普通的砂漿中加入防水劑，是能夠撥水的砂漿。砂漿是水泥＋砂＋水組成，另外再加入藥劑做成防水砂漿。

窗框的裝置順序如下圖：① 建造軀體 ② 熔接錨定窗框 ③ 用矽密封材防止滲水 ④ 在窗框與軀體之間的縫隙填充防水砂漿。

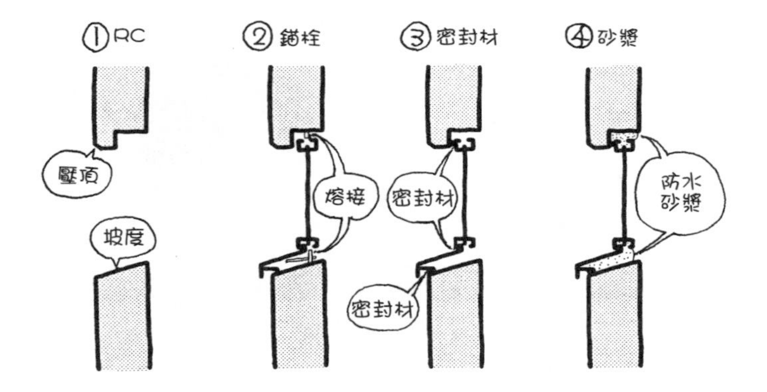

Q 窗框內側為什麼要裝木框？

▼

A 為了更適切安裝內側的板或修飾材。

參見下圖，從外側開始先有壓頂，然後是窗框。窗框寬度是70mm或100mm等，遠小於RC軀體加上內裝的寬度。寬度不足的部分，補上木框。板抵住框來安裝。為了抵住固定，木框必須突出於板。木框從板面突出約10mm。這個突出便是錯位。在木框上預先做好插入板的溝，即使長年使用，框與板也不會分開。上方和左右的木框稱為**框緣**（architrave），下方的木框稱為**窗台板**（window board）。下方的框上可以放置物品，所以名稱與上方和左右的框不同。不過，四邊的框多半以相同板材製作。

木框多半用厚度25mm的板。這是從正面看25mm。這種正面所見的尺寸，稱為**正面尺寸**（face measure）。如果加大正面尺寸，呈現狂野感；若縮小，則呈現纖細感。此外，深度的尺寸稱為**側面尺寸**（lateral measure）。

有時不做木框，而是裝鐵製或鋁製的框。

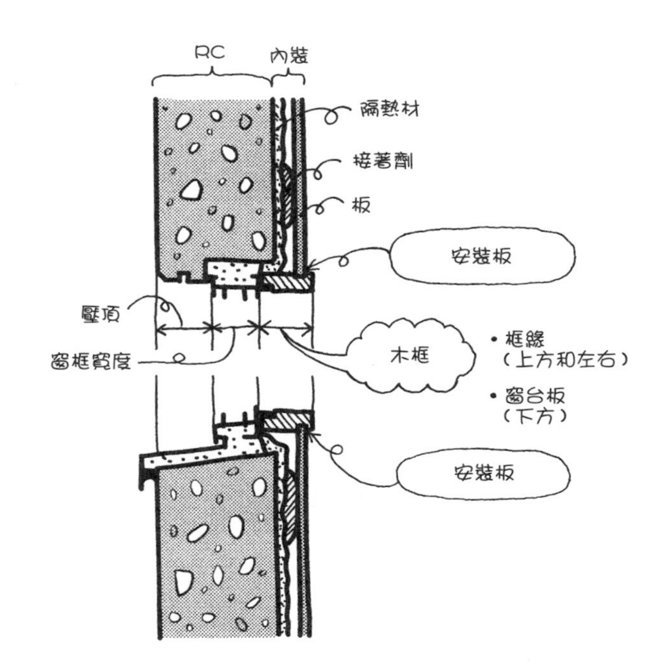

Q 如何把框緣和窗台板裝在木框上？

▼

A 預先把L型金屬構件裝在窗框上，再用小螺釘固定。

如下圖所示，木框裝在窗框與石膏板相交處。由於板只用石膏固定，直接裝置木框太不牢固。再者，螺釘無法穩固釘在板上。因此，必須裝在窗框上。

在鋁製窗框內側的四邊，事先裝上鋁製金屬構件。這裡用木螺釘裝置木框。接著，把木框裝在窗框周邊四周。

L型金屬構件事先打出放入螺釘的洞，洞的周圍凹陷，以便放入沉頭螺釘（flat head screw）的螺頭。旋緊沉頭螺釘後，螺釘納入L型金屬構件的內平面（in-plane），不需擔心螺釘的螺頭露出。當然，螺釘的顏色會搭配窗框的顏色。

固定木框後，用專用接著劑把板貼在隔熱材上。板要抵住木框來安裝。木框刻好放入板的溝，把板插入安裝在溝中。木框的表面是從板面開始向外突出約10mm。這就是錯位。

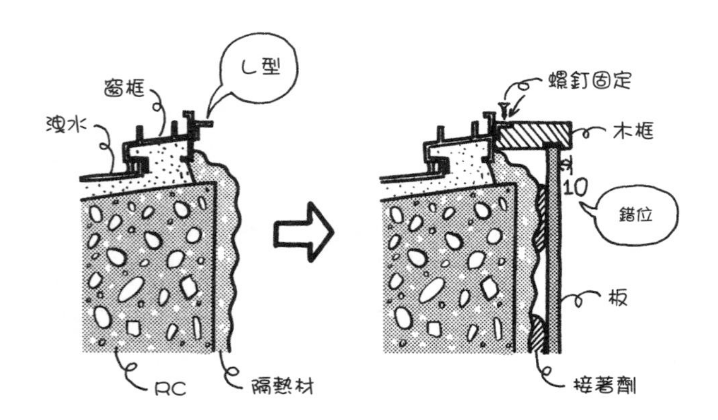

Q 如何把鋼製門框裝在RC軀體上？

▼

A 與裝置窗框的作法相同，熔接到事先埋置在RC中的金屬構件來固定。

稱為窗框錨栓的金屬構件預先釘入固定在混凝土模板上，混凝土凝固後，拆掉模板。如果是鋼框，在框的內側裝上金屬板，讓鋼框容易熔接到窗框錨栓上。窗框錨栓和這個金屬板，與鋼筋或L型金屬構件等熔接銜接。這項熔接作業必須穩固地固定，即使猛力開門關門也不會把門弄壞。

然後，再密封RC軀體與鋼框之間的間隙。為了讓水不易滲入，常在RC軀體上裝上壓頂。

密封之後，RC軀體與鋼框之間的縫隙，填充防水砂漿。這項作法與安裝鋁製窗框的工程完全相同。

裝置鋼框之後，噴塗（spraying）隔熱材，用螺釘把木框裝置在鋼框上。木框上刻有溝，可以把板插入裝上。取錯位來安裝板。

板與木框取錯位安裝的方式，適用於鋁製窗框。有時省略木框，直接把板抵住固定在鋼框上。

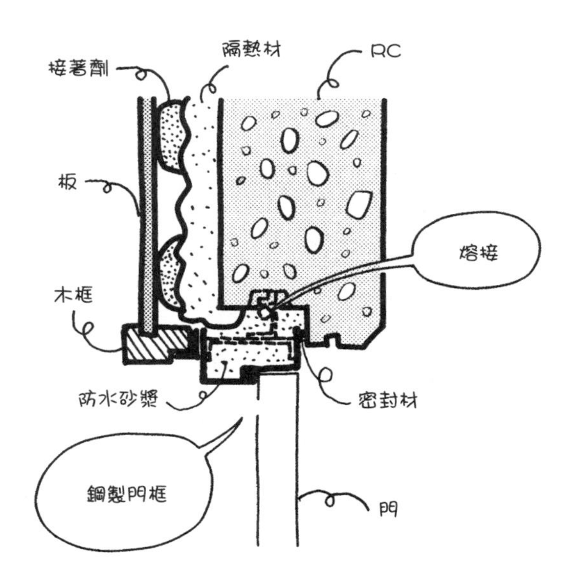

Q 鋼製門框的斷面為什麼是凹凸狀？

▼

A 為了製作門擋（doorstop）。

如果不用門擋停住，門會再迴轉到另一側。推開門（swinging door）的構造是可以兩側打開，但通常只有單側開門。

如果用門擋停住門，外部空氣進不來，可提高氣密性（air tightness）。再者，水也不容易進入。為了提高氣密性和水密性（water tightness），會在門擋部分裝上橡膠。這個橡膠也能降低關門時的聲響，所以一定等級的戶外門（exterior door）都會在門擋裝上橡膠。

室內門（interior door）部分，音樂室等擔心漏音的地方的門，也會在門擋裝上橡膠。更甚者，需要用力關緊的地方，還會裝水平把手（lever handle）。門擋不僅隔音，也有遮擋視線的作用。

為了製作門擋，門框的斷面成為複雜的凹凸狀。內裝木框把門擋裝在框的正中間，正好形成凸形。

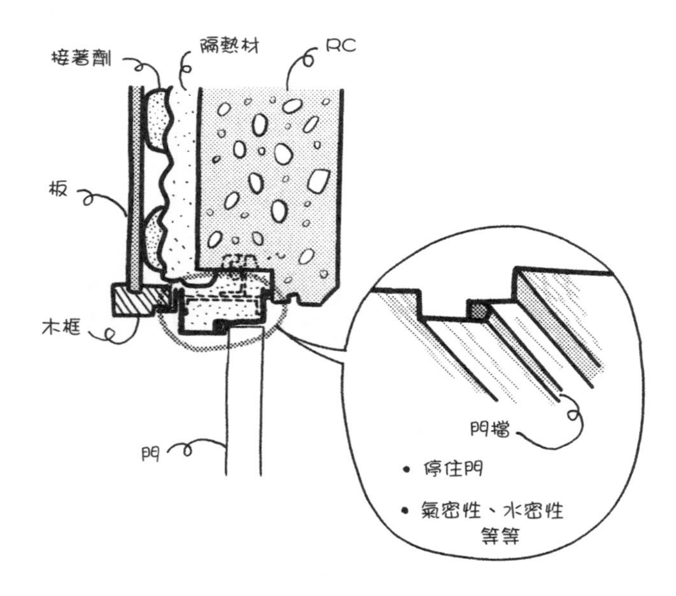

Q 戶外門下方的鋼框（門檻）為什麼是不鏽鋼製？

▼

A 因為作為磨鞋之用，做了塗裝的鋼製物件，塗裝很快就會掉落。

門框當中只有下方的構件叫作門檻（door sill）。因為這裡是磨鞋之用，日文直接稱為「沓ずり」（磨鞋處）。即使在沒穿鞋的室內，門的下框仍稱為沓ずり。

門框當中，上方和左右的框以厚度約1.6mm的鋼製成，並做塗裝。只有下框以厚度約1.5～2mm的不鏽鋼製成。如果下框是鋼製，塗裝面很快就會掉落。不鏽鋼未做塗裝，所以是不鏽鋼原色。

不鏽鋼的符號記為SUS。為了表示鉻和鎳的含量不同，也會在SUS後面附加數字來做區別。建築中常用SUS304，門檻也用SUS304。

室內的門框也是一樣的情況，常見的作法是上方和左右使用木框，只有下方的門檻是不鏽鋼製。室內門通常會省略門檻，做成三邊框（three-sided frame）。只在地板材改變的地方，才裝上門檻，作為材料改變處的收邊（closeout）。

Q 三邊框是什麼？

A 沒有門檻，只有上方和左右三邊的框。

三邊框主要作為內裝門的框。沒有裝門的牆的開口部，也會裝三邊框。

地板材相同時，地板是連續的。如果設置門檻稍微突出，容易絆腳，發生危險，所以現在傾向不做門檻。另外也有無障礙空間的考量，還能削減成本。

如下圖所示，上方和左右的框呈凸形斷面。這是因為門擋裝在正中間，形成凸形。門擋突出約12mm，寬度約30mm。

門框的正面尺寸（外觀所見的寬度），通常約25mm。門的鋼框、木框，以及窗框的木框，正面尺寸幾乎都做成約25mm。這些框通常從牆突出約10mm。請記住框的錯位是10mm。

門擋是裝置框之後再裝上。首先，用螺栓或螺釘把框固定在基礎的間柱等處。這時將門擋從安裝的溝中，固定在間柱上。框固定之後，再把門擋裝設黏著在溝中。因為從上方蓋住門擋，不會看見螺栓或螺釘的螺頭。

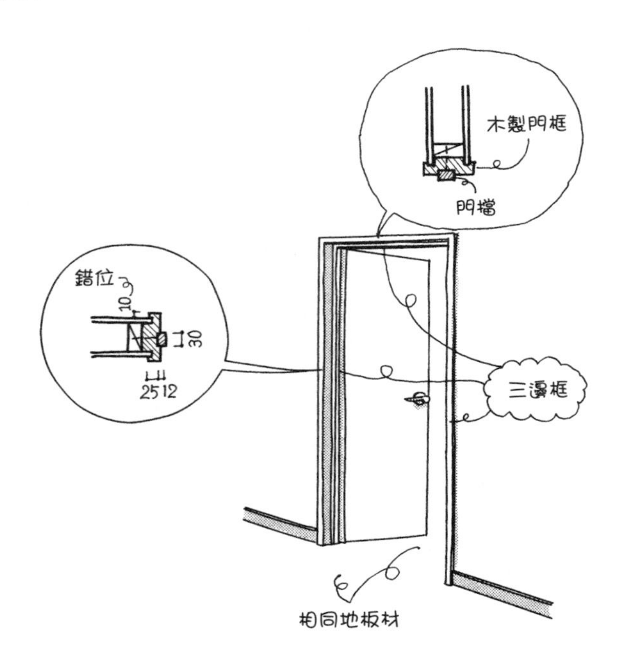

Q 內裝門框的錯位與踢腳板的寬度，哪一個做得比較大？

A 錯位比較大。

錯位做得比較大，踢腳板（skirting）抵到框的地方就能漂亮收飾。

下圖中，錯位是10mm，踢腳板寬度是6mm。踢腳板突出的部分比較小，當踢腳板抵到框時，就不會看到踢腳板的切斷面，收飾美觀。

如果踢腳板的寬度是15mm，抵到框時，會突出5mm。踢腳板的最小面突出於框之外，收飾外觀不美觀。

錯位多做成10mm，是因為踢腳板寬度多半是10mm 以下，收飾就會很美觀。再者，錯位10mm左右，不會覺得過度突出於牆。又大又突出的框會造成阻礙。總之，請先記住框的錯位是10mm，正面尺寸是25mm。

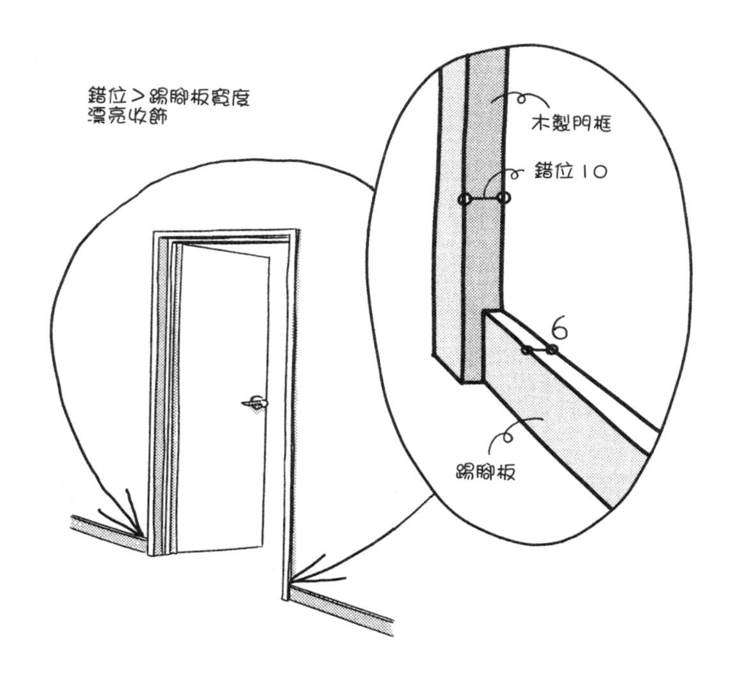

Q 平面門、框門是什麼？

▼

A 平面門（flush door）是僅表面有板、內部中空的門；框門（frame door）是在框圍起的中間裝入板或玻璃的門。

平面門和框門都有鋼製、木製、鋁製等。

平面門的內部只裝入骨架，兩面是板，形成三明治夾起狀的門。要裝入很多骨架相當麻煩，所以有些裝入瓦楞紙製或鋁製的蜂巢芯材（honeycomb core）。

honeycomb core直譯是「蜂巢的中心」。把六角形芯材組合為蜂巢狀，即使以薄紙或鋁板做成，仍然具有強度。如果不用蜂巢芯材，有些會填充隔熱材的聚苯乙烯泡沫塑料〔保麗龍（styrofoam）〕，用於外裝門時能夠提高隔熱性。

框門是組合框構件之後，在其內部裝入板、玻璃或聚碳酸酯（polycarbonate）中空板等。木製框門的邊緣構件（edge member）和裝在中間的板成本高，價格通常高於平面門。兩者用在不同地方，平面門用於廁所入口、框門用於客廳入口等。

裝入框門之中的板，稱為**鑲板**（panel board，俗稱鏡板），這是強烈影響門的外觀的化妝板（fancy board），所以會用優質的板。

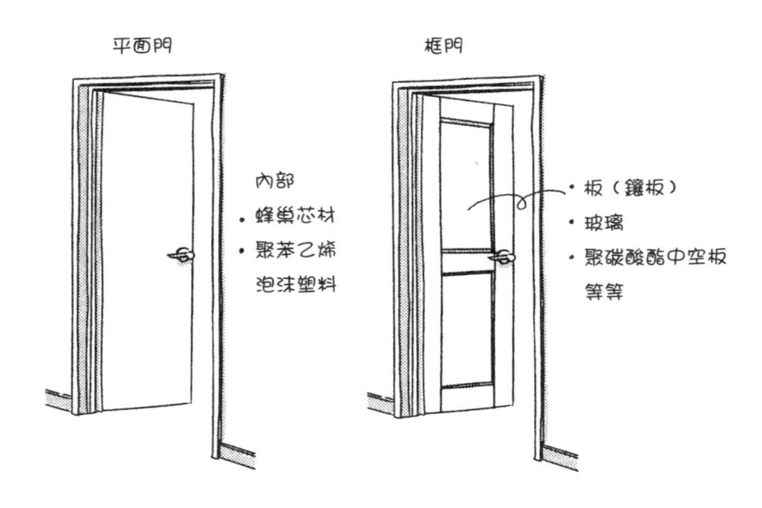

Q 窗框的框是什麼？

▼

A 玻璃周圍的框構件。

窗框或紙拉門的周圍的框構件，就稱為框。上方的框構件稱為**上冒頭**（top rail），左右的縱向框構件稱為**邊梃**（stile），下方的框構件稱為**下冒頭**（bottom rail），裝在正中間的框構件稱為**中梃**（muntin）。

總之，可動的門扇或窗的周圍或者正中間的框構件，就稱為框。

此外，裝在地板材端部的水平構材（horizontal member），也稱為框。日本建築裝在玄關入口〔譯註：日本住家的玄關入口通常先有脫鞋處，然後踩高一階之後進入室內，這裡即指這段台階之處〕的水平構材，稱為**上がり框**（進門框）；裝在地板之間高低差之處的水平構材，稱為**床框**（地板框）。

一般來說，下冒頭比上冒頭和邊梃粗。因為玻璃非常重，下冒頭必須支撐荷重，而且要有納入在軌道上滑行的滑輪的空間。

Q 窗框的墊片是什麼？

A 把玻璃嵌入框內用的橡膠襯墊（rubber packing）。

一般來說，**墊片**（gasket）是指夾在構件之間，以便具有氣密性和水密性的橡膠。填充在配管接縫處的橡膠，也稱為墊片。

橡膠襯墊不全然是天然橡膠，也使用合成樹脂製的橡膠。packing是指裝箱打包（pack）時，填充在縫隙中具彈力的東西。因此，填充在空隙中具彈力的橡膠，就稱為packing（**襯墊**）。

此外，能夠拉長如橡皮筋般的東西，稱為**橡膠珠**（rubber bead）。bead是beads的語源，指念珠狀的東西、橡皮筋般的東西。

窗框組立順序如下：

①配合窗框尺寸切割玻璃
②在玻璃周圍嵌入墊片
③在窗框一側的構件中嵌入玻璃和墊片
④在窗框另一面的構件中固定螺釘，完成

墊片嵌入框的每一邊，然後組立框整體。鋁製窗框的框用螺釘固定，即可簡單組立。

此外，也有不用墊片，以密封材固定玻璃的方法。小型窗框多用墊片來固定。

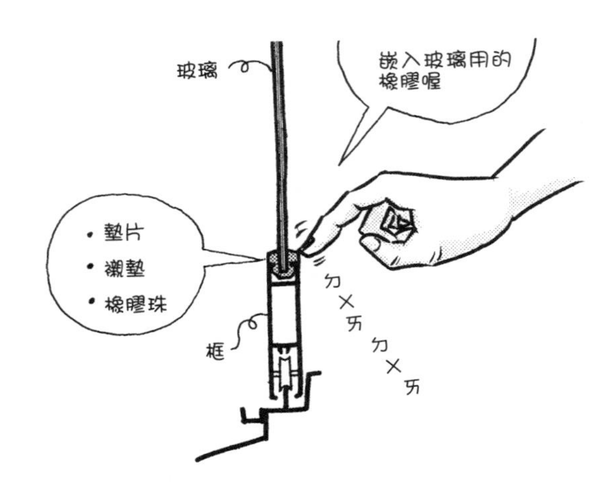

Q 浮法玻璃是什麼？

A 浮在熔融金屬上製成，非常普及的透明板玻璃。

浮法玻璃（float glass）的float是漂浮之意。漂浮在什麼東西上呢，浮在熔解的金屬上。這裡的金屬是使用錫。錫比玻璃重，油水不相容，所以能夠形成平滑的面。

以往是將玻璃溶液倒在鐵板上，現在已經開發出能夠製作得更平滑的方法。現在一般的製作方式是，讓玻璃溶液浮在熔解的錫上。

用於焊接的錫，熔點為232℃，低溫時就能熔為液體。再者，錫不像鉛是有害物質。基於這些原因，放入浮槽（float bath，漂浮玻璃用的容器）的熔融金屬使用錫。

浮法玻璃又稱浮法板玻璃、普通板玻璃、透明玻璃等。厚度有2、3、4、5、6、8、10、12mm等，雖然有各種厚度，其中經常使用的是厚度4mm、5mm。住宅或大廈的窗玻璃多使用厚度5mm。2mm、3mm厚度容易破裂，特別是厚度2mm，遇到颱風的強風時，恐有破裂之虞。

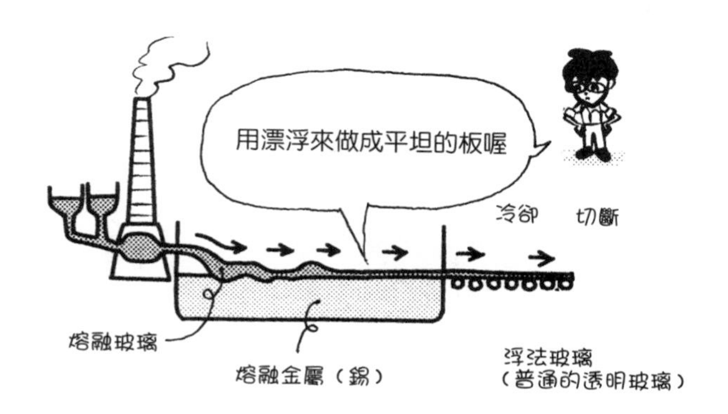

Q 壓花玻璃是什麼？

▼

A 在玻璃的一側加上凹凸花紋，不透明的玻璃。

壓花玻璃（figured glass）就是有凹凸花紋的玻璃。在浮槽中做出的玻璃，用軋輥（roll）碾壓，玻璃的一面印有軋輥的花紋。只有單面是凹凸花紋，成為不透明的玻璃。

壓花玻璃又稱花板玻璃。這種玻璃通常是鋸齒狀的不透明模樣，但也有銷售植物圖案、花卉圖案等的產品。

廁所或浴室的玻璃等通常使用壓花玻璃。露台窗也常做成上部透明玻璃、下部是壓花玻璃。

磨砂玻璃（frosted glass，毛玻璃〔ground glass〕、悶光玻璃〔obscured glass〕）也是不透明玻璃，雖然量少，但仍有使用。噴附砂或研磨劑於玻璃，做出細小刮擦，形成不透明，稱為噴砂（sandblast）。相較於壓花玻璃，磨砂玻璃的風貌更為細緻。

另外，也可以只在透明玻璃的下部，做成雲霧狀的磨砂設計等。不過這種設計是特別訂製，價格昂貴，用在商店設計。

Q 複層玻璃與膠合玻璃有什麼不同？

A 截然不同。

複層玻璃（multiple glass）是在中間裝入空氣，以提高隔熱性的玻璃。另一方面，膠合玻璃（laminated glass）是在兩片玻璃中間夾上樹脂，成為不容易破裂的玻璃。

複層玻璃也稱為**雙層玻璃**（pair glass），是在玻璃與玻璃之間封入空氣的玻璃。空氣不易導熱，而且在狹窄空間裡不會對流，所以複層玻璃的隔熱性特別好。

玻璃與玻璃是在切斷口（切斷部分、端部）處，用間隔物（保持間隔的構件）和密封材固定，把空氣密封於內部。

內部的空氣如果混有大量水蒸氣，玻璃冷卻後結露（condensation），水滴就會附在內部。附在內部的水滴，無法從外部去除。因此，必須先讓空氣乾燥才能密封，或是在間隔物內部放入乾燥劑。

除了乾燥空氣，還可以填充氬氣。封入電燈泡或日光燈的氣體是用氬氣，這是不易導熱（熱傳導率低）的惰性氣體。

有時會把兩片玻璃的外側玻璃做得厚，內側玻璃做得薄。如果兩片玻璃厚度相同，會像鼓的發聲原理一樣產生共振，使聲音容易傳導。

膠合玻璃是在兩片玻璃中間夾上樹脂等，成為不易破裂的玻璃。這種玻璃又稱防盜玻璃（burglar resistant glass）。有時也會夾入隔絕紫外線的半透明金屬膜。

有時會在複層玻璃的外側，使用膠合玻璃，成為兼具防盜性和隔熱性的玻璃。

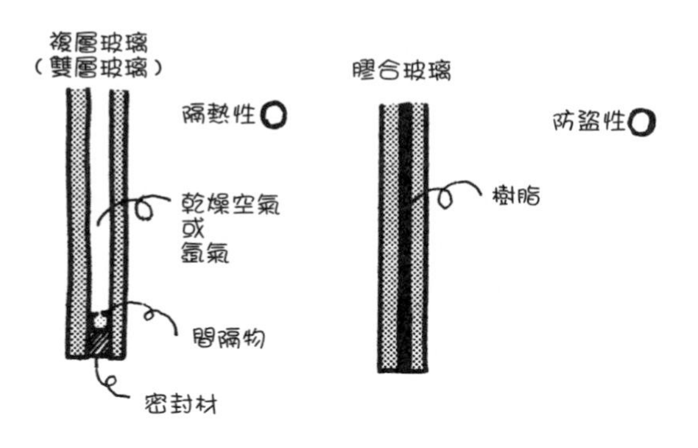

Q 鐵絲網玻璃是什麼？

▼

A 為了讓即使是火災時玻璃破裂也不會造成碎片四散脫落，加入網狀鐵絲的玻璃。

鐵絲網玻璃（wire glass）有棋盤狀加入的方格鐵絲網，還有斜傾45度的菱形狀菱格鐵絲網。在浮槽中做出的玻璃的正中間加入鐵絲網，然後冷卻做成。鐵絲網玻璃主要使用厚度6.8mm的產品。

普通玻璃一旦破裂，碎片馬上掉下；如果加入鐵絲網，玻璃卡在鐵絲上，不容易散落。加入鐵絲網，就是為了防止玻璃飛散和脫落。

雖然加入鐵絲，但這種玻璃並不具防盜性，這點常容易引起誤解。玻璃被敲破時，因為有細鐵絲網，玻璃不會掉下，但破裂的玻璃可以用手拿掉，輕易破窗而入。

網是鐵絲做成的，與玻璃的熱膨脹率稍有差異。接收到太陽的熱而引起膨脹收縮時，如果膨脹率不同，就會裂開，這就是熱破裂（thermal fracture）。有時鐵絲網玻璃沒被敲打卻產生裂痕，就是因為熱破裂。

如果水從玻璃的切斷面滲入，因為是鐵，就會生鏽。若鐵鏽膨脹，玻璃會破裂。這是鏽蝕破裂（rusted fracture）。鐵絲網玻璃的缺點就是熱破裂和鏽蝕破裂。

有時加入的鐵絲不是呈縱橫網狀，而只在縱方向或橫方向加入鐵絲。這種玻璃稱為鐵絲線玻璃或單向鐵絲玻璃（uni-wire glass，uni是單一之意）。這樣的玻璃能防止飛散，但不具防火性。

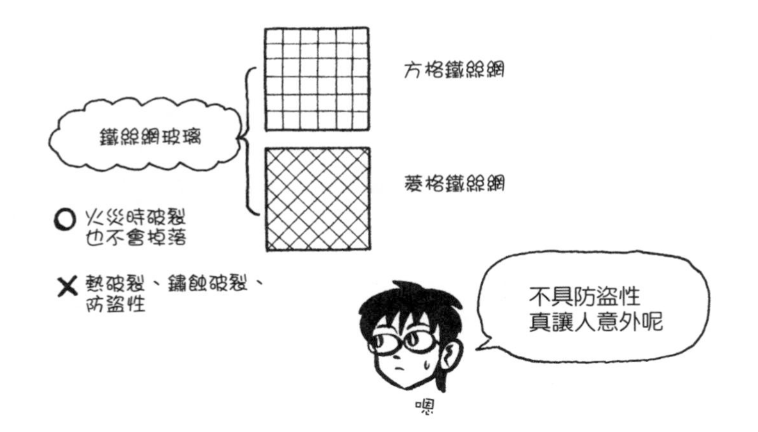

Q 強化玻璃是什麼？

▼

A 對衝擊或荷重具有浮法玻璃三至五倍強度的特殊玻璃。

加熱浮法玻璃後急速冷卻，就能做出高強度的強化玻璃（tempered glass）。玻璃破裂時，雖然玻璃整體會瞬間粉碎，但不會形成銳利的銳角碎片，而是破裂成細小粉狀，所以對人來說是安全的。

汽車的擋風玻璃就是在兩片強化玻璃中間夾上膜而成的膠合玻璃。為了防止粉碎的玻璃進入眼中造成失明的事故，所以用強化玻璃再做成膠合玻璃。

現代建築積極使用強化玻璃，包括大型玻璃面、玻璃製扶手、玻璃地板等。

日常生活中常可見大型玻璃面，例如汽車展示間的大玻璃面、挑高空間的大玻璃面等。大型玻璃面沒有窗框，即使有窗框，也設計為最小程度，所以缺點是不容易注意到有沒有玻璃。因此，必須有因應之道，在約視線高度的玻璃密封處等，貼上記號，防止衝撞等。

相較於管型扶手，強化玻璃扶手不僅設計簡潔，而且人無法從下方鑽過，所以安全性更佳。

強化玻璃的地板用於各式各樣的用途，包括展示底下遺跡的玻璃地板、展示底下都市模型的玻璃地板、展示底下景觀的玻璃地板等。

Q 紗窗／紗門的紗網種類有哪些？

▼

A 有莎綸（saran）紗網、不鏽鋼紗網、銅紗網等。

壓倒性多數使用的是莎綸紗網。莎綸是聚偏二氯乙烯（polyvinylidene chloride）合成纖維。雖然是合成樹脂的纖維，但莎綸的耐水性（吸水率幾乎是0%）、難燃性、耐藥品性佳，也是不易發霉的素材。莎綸質輕，用切刀就很容易切割；相對地，這種質材強韌，即使拉扯也不容易裂開。

莎綸紗網有綠、藍、灰、黑等顏色，但多半用灰色。

紗窗／紗門的框有溝，把莎綸紗網裝在溝中，用專用的紗窗輪／紗門輪從上方壓入橡膠細繩（橡膠珠）固定。壓入後，以切刀切除莎綸紗網多餘的部分。熟悉這些程序之後，一般人也能自行更換紗網。

莎綸以保鮮膜（Saran wrap）聞名。最初是兩位美國技術人員在郊遊時想出來的，他們合併兩人妻子的名字Sara和Ann來為產品命名。

不鏽鋼紗網的價格約是莎綸紗網的三倍。這種紗網用於造價昂貴的大型建物等，優點是相較於莎綸紗網，比較不容易破裂。莎綸紗網遭到鳥鴉嘴啄時就會破裂，但不鏽鋼紗網不會破。銅紗網現在幾乎沒有使用。

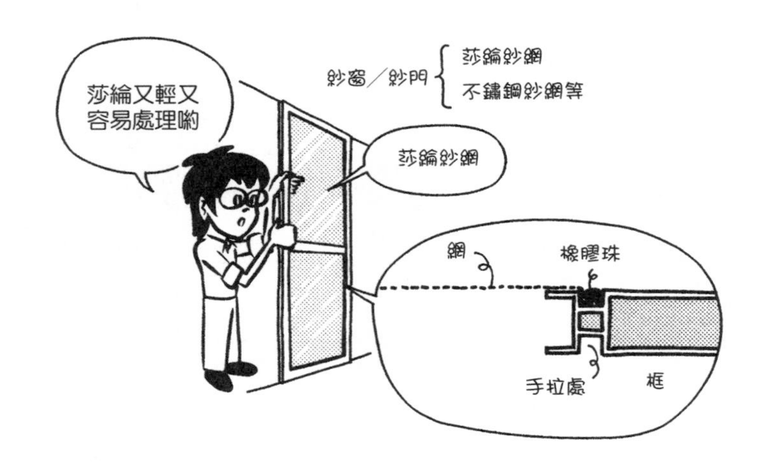

Q 聚碳酸酯板是什麼？

▼

A 一種抗衝擊強度高的塑膠。

聚碳酸酯板（polycarbonate plate）廣泛用於車庫的屋頂、屋簷、外廊的扶手牆、內裝框窗（以板、玻璃等框成的窗）等，也稱為PC板。

相對於玻璃又重又容易破裂等缺點，聚碳酸酯的優點是又輕又不容易破裂。玻璃硬，不容易刮傷，但容易破裂；聚碳酸酯軟，容易刮傷，但不容易破裂。

雖然聚碳酸酯是不易燃的質材，但並非完全不會燃燒，而且很容易刮傷，所以無法替代透明玻璃用在窗上。然而，聚碳酸酯柔軟且黏著力強，所以能夠夾在膠合玻璃中，用於製作防盜玻璃。

內部中空的聚碳酸酯中空板（polycarbonate hollow sheet）也常用在建築中。即使是聚碳酸酯板，做成厚板仍然很重，如果裡面做成中空層，就可以成為不容易折彎又輕的板。然而，這種作法會變成不透明。

中空板常用於內部的框窗等。此外，中空層具隔熱性，所以也用於高窗（clerestory）。

使用玻璃用雙面膠帶，把聚碳酸酯中空板貼在玻璃窗的內側，更能提高窗的隔熱性。如果不在乎窗不透明或嚴重結露，不妨一試。

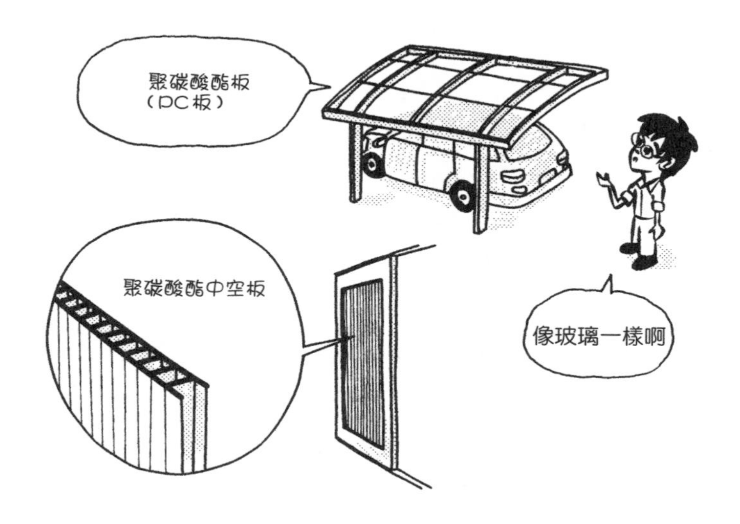

Q 混凝土表面的塗裝、貼磚、清水混凝土等標準的修飾工程，不易髒污的順序為何？

▼

A 貼磚＞塗裝＞清水混凝土。

雖然清水混凝土面多會塗布可撥水的矽撥水材，但效果只能維持五至十年。清水混凝土面髒污、發霉、損壞或發黑等，看起來不美觀。如果不定期進行約每五年一次的短週期性維修，混凝土面容易損壞，也容易弄髒。

如果是塗裝，可以在表面形成塗膜，能夠抑制髒污，水也不會滲透到內部，相較於清水混凝土，髒污程度較不明顯，耐久性也比清水混凝土好。然而，經過十年之後，在背陽的北側牆面等處，黑色霉斑會變得顯眼。再者，雨流到窗下後會產生髒污。雖然市售含光觸媒（photocatalyst）的塗料、含防霉劑的塗料等，但效果有限。

另一方面，即使屋齡二十年，磁磚面的髒污也不顯眼。磁磚和茶杯、碗一樣都是瓷製品，茶杯和碗不容易附著髒污。

雖然初期成本稍高，但相較於每十五年就得架鷹架＋高壓清洗＋塗裝費用，貼磚省事許多。

比貼磚費用更昂貴的是鋪石，分戶共管式公寓的入口周圍等會採用鋪石修飾。這時主要是用花崗岩（granite）。大理石（marble）遇到酸雨會變漆黑。如果表面平滑，鋪石修飾和貼磚一樣可以耐髒污。

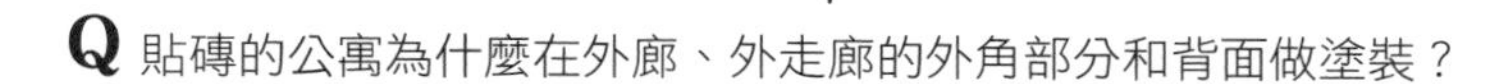

Q 貼磚的公寓為什麼在外廊、外走廊的外角部分和背面做塗裝？

▼

A 為了降低成本，以及避免因配置磁磚所造成的碎片磁磚。

外角部分的磁磚特殊，價格昂貴。此外，如果在這個部分配置磁磚，容易產生碎片磁磚。雖然碎片磁磚很常見，用以調整磚縫的寬度，但還是很容易因此產生更多碎片磁磚。因此，角隅和上端的部分採用塗裝修飾。不僅不必貼價錢昂貴的磁磚，也無需擔心磁磚配置問題。

此外，外廊背面和外走廊拱肩牆背面，也經常採用塗裝修飾。這也是為了降低成本。這些部位多半背陽，十年左右就會因發霉等變黑。

觀察這樣磁磚與塗裝兩種修飾方式並用的建物，哪一種方式容易髒污，一目瞭然。觀察一下屋齡十年以上的實際建物吧。如果成本許可，最好全部的面都貼磚。

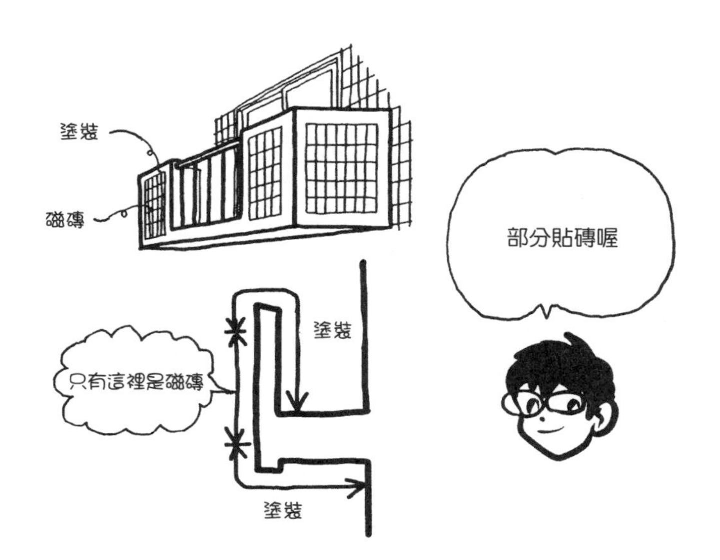

Q 貼在角隅的特殊磁磚叫作什麼？

▼

A 叫作收邊磚（trim tile）。

L型等變形的特殊磁磚，而非平坦的磁磚，便是收邊磚。這裡的「收邊」日文原文為「役物」，這個詞不是僅用於磁磚，而是指特殊形狀組件的一般用語。

收邊磚價格昂貴。如果平坦的部分材料和工資1萬日圓/m^2，收邊磚每1m長度約需花費5000日圓。

若要省下收邊磚費用來降低成本，可以如前項做塗裝處理。

如果在角隅貼平面磁磚，磁磚的厚度部分（最小面）會露出。若平面磁磚貼在角隅要隱藏最小面部分，必須把平面磁磚的端部切成45度，磁磚相互砌合固定時，角度必須吻合。這種作法費工費事，如果無法準確切割成45度，反而看起來很不美觀。

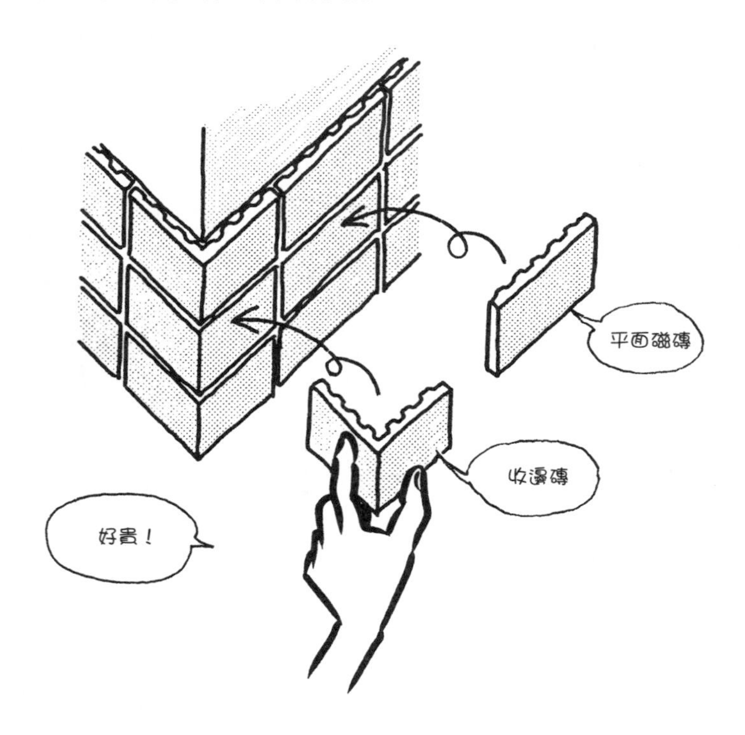

Q 小口磁磚是什麼？

▼

A 磚的小口（較小側的切斷面）大小的磁磚。

日本在明治時期以後，倉庫、工廠、公共建物廣泛使用磚造。砌磚打造的歐風建築法，雖然耐火性能佳，但耐震性不佳。因此，外觀做成磚風格的磁磚，逐漸作為RC造的修飾材。當時只有磚型磁磚，現在市售各種色調和質感的磁磚。

磁磚是從磚發展出來的，所以磁磚的名稱也加上磚。**小口磁磚**（header tile）是做成與磚的小口同樣大小的磁磚。

小口是切斷面之意，為常用的建築用語。如字面所述，磚的小口是指磚的最小面。小口磁磚和磚的最小面一樣，多半是大小60mm×108mm，厚度10mm左右。

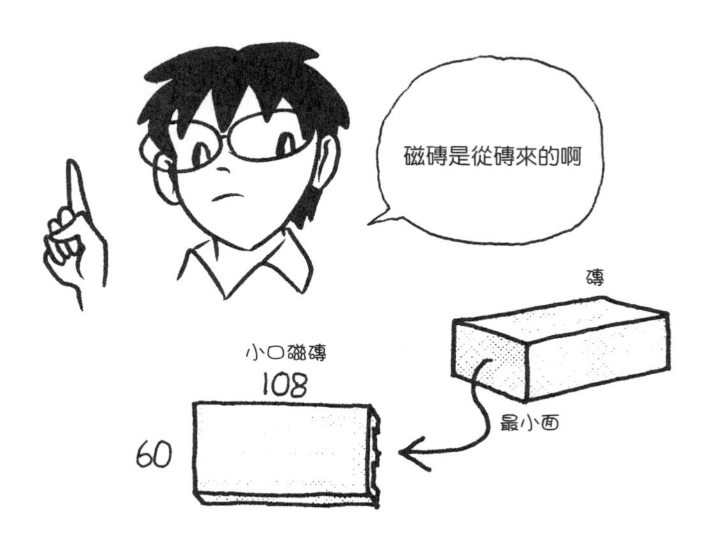

Q 二丁掛磁磚是什麼？

▼

A 約兩個磚的最小面大小的磁磚。

日本的磚大小通常是60mm×100mm×210mm。

磚原本是為歐洲手工建造建物而設計的。因為是用手一塊一塊堆砌，大小和重量必須適合手的大小。因此，一般來說，磚的大小成為約60mm×100mm×210mm。如果寬度10cm，單手就可以握住。

磚的大小在各國各地略有差異，但無太大不同，因為作業方式同樣是用手砌磚。

橫向並列兩個60mm×108mm的磚最小面，就成為60mm×216mm，加上接縫的寬度，變成60mm×227mm。橫長為兩個這樣的磚最小面長度的磁磚，稱為二丁掛磁磚（rectangular tile）。

在日本，一丁、二丁是計算豆腐等所用的單位，所以計算形狀如豆腐的磚也用「丁」為單位。因為是磚二丁份大小的磁磚，所以稱為二丁掛磁磚〔譯註：中文直接沿用日文名〕。

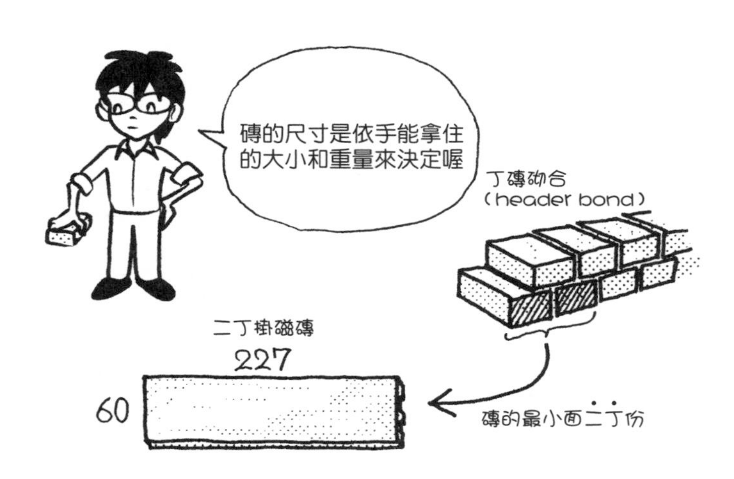

Q 45二丁掛磁磚是什麼？

▼

A 45mm見方的磁磚兩塊份大小（45mm×95mm）的磁磚。

如下圖，45mm見方磁磚會留出5mm接縫來貼磚。兩塊份是指45mm＋5mm＋45mm＝95mm。因此，大小成為45mm×95mm。

提到二丁掛磁磚時，既指磚二丁份大小的磁磚，有時也指45mm見方二丁份大小的磁磚，看型錄時必須留意。最近多使用45二丁掛磁磚。

45二丁掛磁磚也簡稱45二丁。此外，因為有小磁磚之意，又稱**馬賽克磁磚**（mosaic tile）。

常用的方法是，把45二丁掛磁磚一起貼在一張30cm見方大小的紙上〔編註：30cm×30cm通稱為一才〕，以這種規格的紙為單位來貼磚。這種方法又稱**單位工法**，進行大面積貼磚時可以提高施工效率。

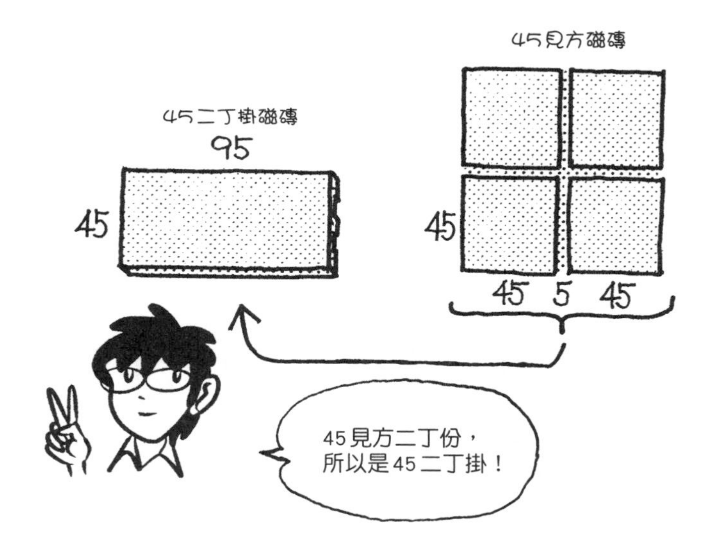

Q 45見方磁磚與50見方磁磚是一樣的東西嗎？

▼

A 是一樣的。

兩者不同之處在於，一個是指磁磚本身的大小，一個是指包含接縫的大小。45見方是指磁磚本身的尺寸為45mm見方，50見方則是一側接縫的中心到另一側接縫的中心尺寸為50mm見方。

看型錄時必須注意上面標示的尺寸是磁磚本身的尺寸，還是接縫也計入的尺寸。與50見方磁磚的情況一樣，100見方磁磚、150見方磁磚、200見方磁磚，都是表示接縫中心到中心的尺寸。

50見方磁磚、100見方磁磚、150見方磁磚，多半貼在30cm見方的紙上供貨，如50見方是6×6＝36塊貼在一張紙上。因為在紙上貼磚時已經預留接縫寬度5mm，把磁磚接著到混凝土面上之後，拿掉紙張，只需在接縫填充砂漿，黏貼作業即完工，提高作業效率。

40見方（50見方）磁磚或45二丁掛磁磚尺寸小，所以做得薄又便宜。此外，相較於大磁磚，這些小磁磚即使在細微凹凸部分也容易配置，獲得許多建物青睞採用。

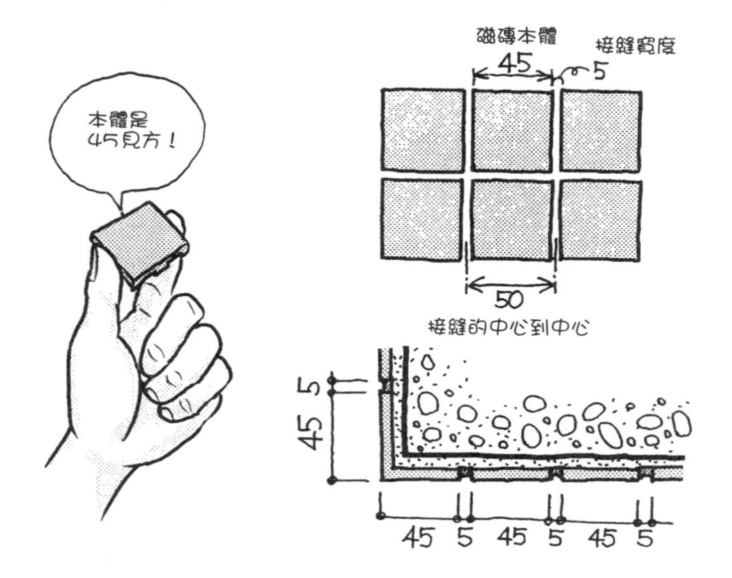

Q 外牆使用瓷質磁磚還是陶質磁磚？

▼

A 瓷質磁磚（porcelain tile）。

陶製品具有吸水性，所以滲入內部的水凍結破裂，就會破壞磁磚。水變成冰時，體積變大。如果是同樣的重量，冰的體積較大，所以冰會浮在水上。

由於水有凍結就體積膨脹的性質，會引發許多不好的現象，包括自來水管破裂、雨水滲入造成鐵管型扶手膨脹等。磁磚也是相同道理。因此，外牆磁磚不用吸水的陶製品，而是用不吸水的瓷製品。

瓷製品與陶製品的不同在於成分的黏土含量、矽石和長石（feldspar）的含量，以及燒成溫度（firing temperature）等。依據成分，也將瓷製品稱為「瓷石製品」，陶製品稱為「陶土製品」。瓷製品表面的矽石和長石在高溫燒製下，變成玻璃質。

一般來說，茶杯、碗是瓷製品。不具吸水性且不易附著髒污的瓷製品，適合作為茶杯、碗。外牆磁磚也是一樣，陶質磁磚（ceramic tile）則用在建物內部不會碰到水的地方。

進行設計時，先不必考慮外裝所以用瓷製品、內裝不會碰到水所以用陶製品等。看一下磁磚廠商的型錄，會發現已經指定了室外牆用、室內○○用等適用部位。地板用是不容易滑、有厚度不易破裂等，各有不同特徵。設計師必須參照型錄，然後索取樣本，再決定設計。

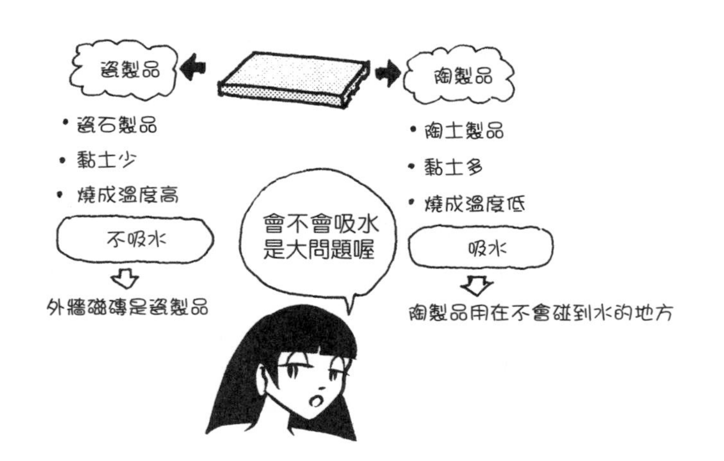

Q 石質磁磚是什麼？

▼

A 相較於瓷質磁磚，近似吸水率略高的瓷質磁磚的磁磚。

瓷製品、石製品、陶製品的不同只有細微的差別，JIS（Japanese Industrial Standards，日本工業標準）以吸水率的差異來定義：

瓷製品：1%以下
石製品：5%以下
陶製品：22%以下

此外，也有以燒成溫度來定義：

瓷製品：1250℃以上
石製品：1200℃左右
陶製品：1000℃以上

從吸水率和燒成溫度來看，可知石製品近似瓷製品。在吸水率上，石製品略遜於瓷製品。

請記住石質磁磚是吸水率略遜於瓷製品、近似瓷質磁磚的磁磚。

基於吸水率這一點，石質磁磚可作為室內外的地板用磁磚等。缸磚（clinker tile）是石質磁磚的一種，塗上食鹽燒成，表面成為赤褐色玻璃質。表面有凹凸的厚缸磚，廣泛作為地板用磁磚。

Q 釉是什麼？

▼

A 燒製磁磚前塗在磁磚上的塗層。

釉（glaze）賦予色彩和光澤，還能增加強度和撥水性。

釉也稱為釉藥。

釉藥中含有長石、矽石等與瓷製品相同的成分，能夠強化磁磚表面的玻璃質。

塗上釉藥，稱為**上釉**（glazing）。釉、釉藥、上釉都與磁磚密不可分，請留意記住。

Q 拋光磁磚是什麼？

▼

A 閃耀著吉丁蟲或珍珠貝般彩虹色金屬光澤的磁磚。

拋光磁磚（luster tile）是燒製二氧化鈦（titanium oxide, TiO_2）等金屬膜做成的磁磚，隨著觀看角度或光線的角度不同，呈現不同風貌。luster是光澤、擦亮磨光之意。貝殼內側也可以看見拋光磁磚般的彩虹色。

貼拋光磁磚曾盛行一時，辦公大樓或大廈等都採用這種磁磚。如果全部的面都貼拋光磁磚，多少顯得有些華麗。

Q 無釉磁磚是什麼？

▼

A 不上釉的低溫燒製磁磚。

紅褐色花盆也是無釉燒製。無釉磁磚（unglazed tile）呈紅褐色、深褐色、淺褐色、橘色等土色，表面粗糙，是有接近自然泥土感覺的磁磚。

瓷製品是低溫無釉燒製之後上釉，接著高溫釉燒（glost firing）。無釉燒製算是釉燒的前一個階段。

無釉磁磚也稱為**赤土陶磚**（terracotta tile）。義大利文的terra是土之意，cotta是燒製之意，兩字合起來就是燒製的土、無釉燒製的土製品。

在建築中，terracotta也指大型的立體裝飾或雕刻等。因為最初是用無釉燒製的土製品來做成立體。

無釉磁磚主要用於內裝的地板等。像土一樣的感覺，打造出土間般樸實的設計風格。如果用在室外，因為無釉磁磚具吸水性，附加條件是不可用於寒冷地區等。

由於無釉磁磚具吸水性、多孔質，容易附著髒污，所以也會在表面施作完全透明塗裝工法（clear coating，形成透明塗膜的塗裝）。筆者曾為大型店舖的一整面地板鋪墨西哥製無釉磁磚，為了防髒、防裂，整面施作完全透明塗裝工法。隨產品而異，有些產品原本就附有這類塗膜。

Q 直縫工法是什麼？

▼

A 沿著縱橫方向接縫的貼法、砌法。

直縫（straight joint）是通過沿著接縫，所以也稱為**通縫**。日文稱為「イモ目地」(「イモ」為「薯芋」之意，「目地」為「接縫」之意），據說是因為薯芋類的根縱橫排列得非常整齊。

如果用直縫砌法砌磚，力只傳遞到正下方的磚，沒有分散，使結構變弱。下方兩塊以上的磚支撐上方一塊磚，結構上較佳。此外，沿著接縫砌磚，也可能從接縫開始破裂倒塌。

另一方面，用直縫貼法來貼磁磚不會有任何問題。因為沿著縱橫方向，優點是貼磚容易，外觀也簡潔。

45見方、45二丁掛等小磁磚，通常採用直縫貼法。如果小磁磚用錯縫貼法（broken joint），看起來顯得紊亂煩雜。錯縫貼法用於大磁磚。

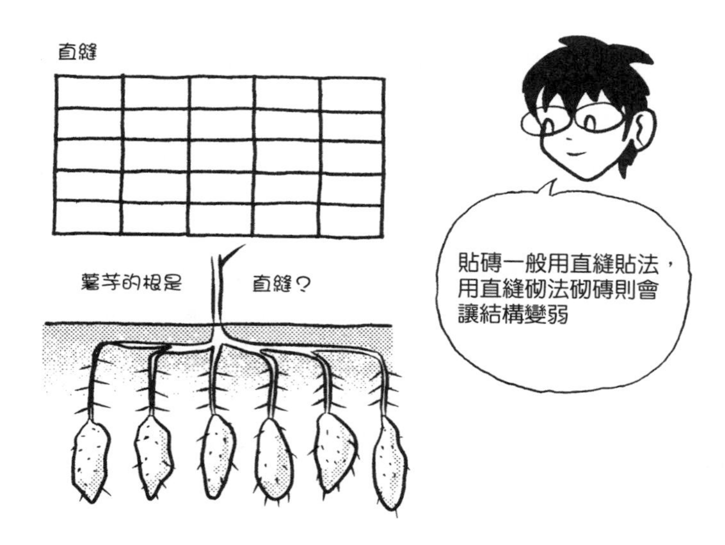

Q 縱錯縫工法是什麼？

▼

A 只有縱向接縫交錯的貼法、砌法。

放在兩塊磚上方、橫跨兩者的砌磚方式，稱為縱錯縫（vertically broken joint）。日文稱為「馬目地」，因為就像是騎馬橫跨在磚上。日文建築用語中若有「馬乗り」，便是指橫跨在兩個物件上。

騎馬狀砌磚，結構也變強。橫向接縫呈一直線，但縱向接縫交錯的方式，把力分散，接縫部分也不會縱向一直線破裂。

縱向接縫交錯，打破直線，所以也稱為**破縫**。日文又稱「馬乗り目地」、「馬踏み目地」等。

用縱錯縫工法貼磚，必須使用二丁掛磁磚（60mm×227mm）這種橫長的大磁磚。用縱錯縫工法貼大磁磚，可以呈現出砌磚的風格。

Q 無縫是什麼？

▼

A 完全不留接縫寬度的接縫。

無縫（blind joint）的日文寫作「眠り目地」，以閉眼、未張開眼睛的狀態，來指稱無接縫（呈一條線）的狀態。無縫又稱為盲縫，但是因為被認為是歧視性用語，所以只在工地現場使用。

施作無縫工法，如果尺寸沒有精準吻合，相互的位移會非常明顯。若留有接縫寬度，多少有餘裕處理位移的情況。無縫的缺點就在於沒有尺寸和施工誤差的餘裕。

此外，無縫還有容易滲水的缺點。一般來說，接縫會填充砂漿，除非破裂，否則水不會從接縫滲入。無縫時，磁磚與磁磚完全精準貼合，會因毛細管現象造成滲水。

因此，外牆貼磚時，一般不會使用無縫。無縫是用在不會碰到水的地方，或碰到水也無妨的戶外設施（庭園等）。

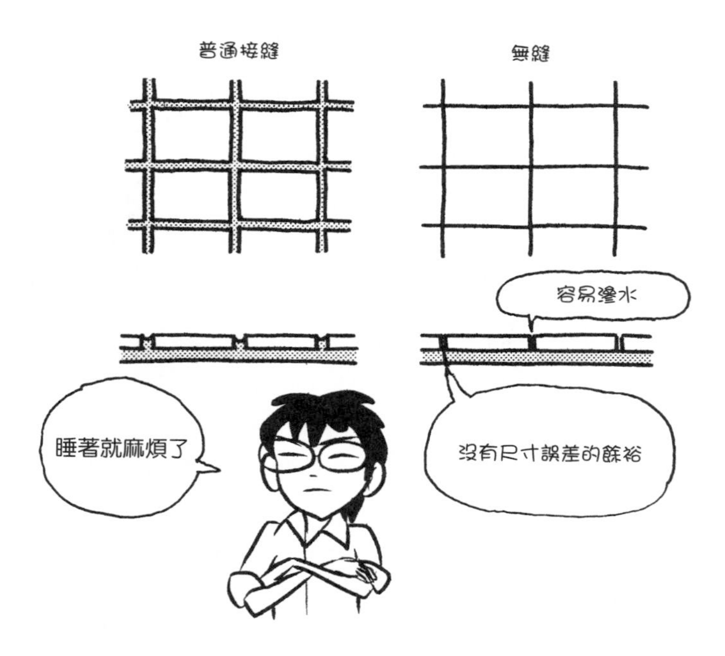

Q 伸縮縫是什麼？

▼

A 為了釋放磁磚等的熱膨脹、收縮的力而設計的接縫，又稱伸縮調整縫。

磁磚受太陽的熱而膨脹收縮，因而到處出現裂縫。磁磚與混凝土的膨脹率不同，牆的表面與深處的溫度也不同。這些差異所形成的力，必須有地方釋放。

箇中道理如同鐵路鐵軌接合處留有縫隙、屋頂上防水的混凝土保護層留有一定間隔的縫隙。

預先製作可能伸縮的部分，把力釋放到那裡，就不容易產生裂縫。為了發揮伸縮的作用，填充密封材的接縫，做成約25mm寬度。可使用矽類等密封材。接縫的深度深及軀體。黏貼磁磚用的砂漿也會伸縮，所以也必須深及軀體。

如下圖，施工縫上面也加入伸縮縫。由於每3～4m高度就會設置施工縫，通常會在那裡留出伸縮縫。如果在密封材上面貼磚，容易剝落，而且施工縫在設計上剛好是分段之處，適合製作伸縮縫。

縱向伸縮縫最好也以約每3m間隔加入。特別是在夕陽西曬的大面積外牆面，務必加入伸縮縫。

RC軀體會在柱與牆的交界處等，加入誘導縫（inducing joint）。誘導縫是為了讓大地震時龜裂集中到那裡，且讓柱與牆成為一體而避免對結構造成負面影響，所加入的接縫。配合這種誘導縫，也常在磁磚之間加入伸縮縫。

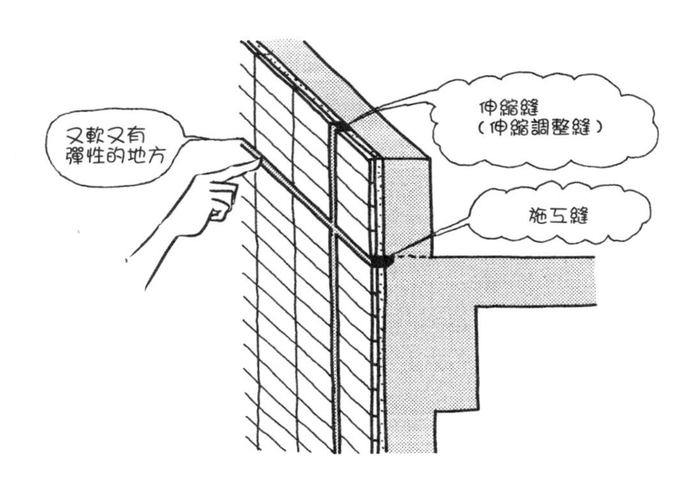

Q 磁磚的壓貼工法是什麼？

▼

A 將黏貼用砂漿塗抹在軀體等的基材上，再壓緊貼磚的工法。

在RC軀體上塗抹黏貼用砂漿。以厚度5～6mm塗抹約2m²之後，立刻壓緊貼磚。壓緊固定之後，以砂漿填充接縫。

30分鐘之後，砂漿開始凝固，過了1小時就無法黏貼磁磚。從塗抹砂漿開始，到貼磚完成的時間，稱為**塗置時間**（open time）。為了在塗置時間內黏貼完成，必須決定貼磚面積。

可以用手壓緊磁磚，也可以用木槌敲打。因為是壓著磁磚黏貼，所以稱為**壓貼工法**（pressure application method）。

在基材側塗抹砂漿，磁磚上什麼都不塗抹的方式，就是壓貼工法。壓貼工法是最普遍的貼磚方法。

在基材和磁磚兩者上面都塗抹砂漿，增強接著力的方法，稱為**改良式貼著工法**（improved pressure application method）。此外，壓貼磁磚時使用貼磚用振動機（vibrator）的方法，稱為**密貼工法**（improved tool method）。

30cm見方大小的紙上貼有多塊磁磚，以一才（30cm×30cm）為單位壓貼的方法，稱為**單位工法**或**單位磁磚壓貼工法**。這種方法是在基材塗抹砂漿再壓緊貼上，所以是壓貼工法的一種。

Q 噴塗磁磚是磁磚還是塗裝？

A 是塗裝。

噴塗磁磚（spray tile）是壓縮空氣送出霧狀塗料的噴塗作法。這種方法與噴漆罐（spray can）或噴漆器（air brush）的塗裝原理相同。因為是利用噴槍（spray gun）噴出，又稱**噴槍噴塗**（gun spray）。

為什麼明明是塗裝，卻稱為噴塗磁磚呢？因為塗裝表面就像磁磚表面。光滑的表面撥水性佳，也是不容易附著髒污的修飾。

然而，相較於真正的磁磚，還是容易附著髒污，屋齡十五至二十年必須重新塗裝。要降低初期成本又希望美觀，採用這種塗裝法一舉兩得。

噴塗磁磚已經開發出壓克力樹脂類、環氧樹脂類等塗料。此外，還開發了具伸縮彈性，具備因應軀體側的裂縫或移動而伸縮的性能的產品，稱為**彈性噴塗磁磚**（sprayed elastomeric tile）。

一開始先施作底塗層（primer coating），在上面噴塗塗裝，為了進一步做出凹凸花紋，有時會使用附花紋的塗料輥。表面可以做出形形色色的花紋，包括柚皮狀、月球表面坑洞狀、石紋狀等。

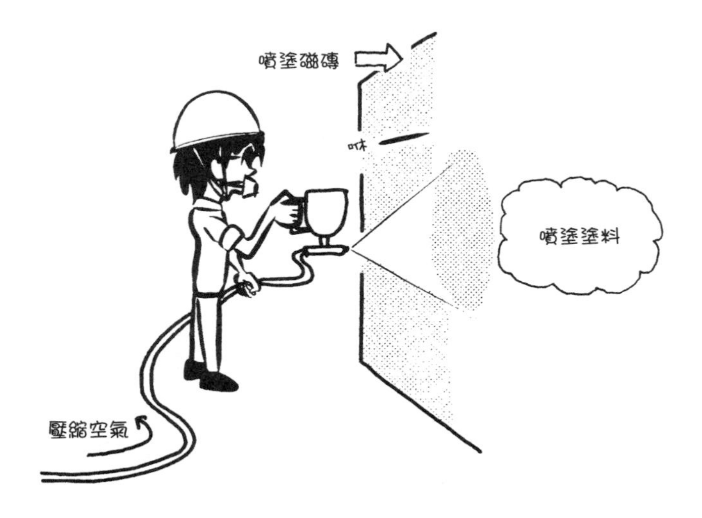

Q 為什麼窗緣下方會變髒？

▼

A 窗下方的窗台（鋁製洩水板等）上堆積灰塵，灰塵隨雨水流下造成的。

雨水從洩水板與牆面相接的邊緣部分，沿著牆流下。窗的下方容易堆積灰塵，加上附在玻璃面等處的塵埃，一起流到外牆面。髒水順流而下，牆也弄髒了。

牆與窗同一面（同一平面）時，比較不會髒。此外，常見的辦公大樓整面玻璃帷幕的建物，通常不會只有窗下髒污。相較於加上壓頂，安裝同一平面窗框更不容易髒污。

所謂水平面，除了窗下以外，還包括女兒牆上部、外廊或外走廊下的拱肩牆上部。這些部分做成向內傾斜，設法讓雨水向內側流動。

以高壓噴水的高壓清洗方式，雖然能清除大量污垢，卻可能傷及塗裝面。還有蒸氣清洗方式也能去除污垢。如果希望不需要經常擔心建物的髒污、生鏽或裂縫等問題，必須根據成本實行下列作法：

① 整面貼磚
② 屋簷做成突出狀（盡可能把RC也做成斜屋頂＋屋簷）
③ 扶手等露出的金屬使用鋁製而非鐵製（盡可能使用不鏽鋼）
④ 女兒牆或拱肩牆上部的蓋板使用金屬構件（不鏽鋼>鋁）
⑤ 外走廊下、陽台的地板不用砂漿防水，而用板材防水以上等級
⑥ 不需組裝鷹架也能進行維修的形式

Q 日本建物的外裝主要使用哪種石材？

▼

A 花崗岩。

主要理由是，日本各地都能採得花崗岩，而且花崗岩具有優異的耐久性和耐磨性（abrasion resistance）。御影石也是花崗岩的一種。這是從神戶市御影地方的六甲山採得的石材，因而得名。有時指稱全部的花崗岩，也叫**御影石**。花崗岩是岩漿凝固而成的一種火成岩（igneous rock）。

大理石無法在日本國內大量採得，進口居多。大理石還有耐酸性弱的缺點。雖然日本國內能夠採得砂岩（sandstone），但這種石材遇風雨容易剝落破碎，耐久性和耐磨性不佳。

日本國會議事堂外牆面的石材是花崗岩。石牆的石材也多為花崗岩，還多用作墓碑。再者，埃及金字塔也是大塊花崗岩堆積而成。花崗岩具耐久性，不易缺損崩陷，廣泛用作建築外裝材。

Q 希臘雅典的帕德嫩神廟、印度阿格拉的泰姬瑪哈陵是用哪種石材建的？

▼

A 用大理石建的。

大理石是既存的岩石在高溫、高壓作用下發生變化，再結晶而成的一種變質岩（metamorphic rock）。

大理石是含鈣的鹼性，所以缺點是遇酸溶解、碰到酸雨會變黑等。

在日本因為酸雨等影響，大理石很快變黑，建物外部多半不會使用大理石。這種石材主要用於室內的牆或地板。

帕德嫩神廟（Parthenon）的結構是，堆積圓筒形大理石建成圓柱，上方放上大理石梁，架設屋頂。

羅馬的圓形競技場（Colosseo）現今暴露在外的結構雖然是磚，但最初是鋪大理石。地中海沿岸各國盛產大理石，所以常見使用大理石的建築或雕刻。

泰姬瑪哈陵（Taj Mahal）是在磚造上面鋪白色大理石。

印度北部可採得許多紅砂岩，印度教寺廟或伊斯蘭教清真寺常見貼有紅褐色砂岩。在這樣的風景中，泰姬瑪哈陵誇示著雪白閃耀之美。

Q 石灰華是什麼？

▼

A 具條帶狀花紋、條帶狀結構的一種石灰石。

雖然石灰華（travertine）表面近似大理石，但嚴格來說應該歸類為石灰石。石灰華表面有條帶狀花紋，膚色，是像大理石一樣的石材。石灰華與大理石在外觀或性質上都十分近似，所以有時作為大理石的同義詞。地質學分類如下：

大理石→變質岩（metamorphic rock）
石灰石→水成岩（sedimentary rock，又名沉積岩）
花崗岩→火成岩（igneous rock，又名岩漿岩）

變質岩、水成岩、火成岩是依據岩石的形成過程來分類：

變質岩→受熱力變質作用（thermodynamic metamorphism）形成的
水成岩→受水的作用形成的
火成岩→岩漿冷卻形成的

石灰華是石灰石，所以耐酸性弱，碰到酸雨會變黑。因此，在日本，石灰華不適合用於外裝，而是用在內裝的地板或牆等，多是由義大利等國進口。

採用石灰華的名作是路易・康的金寶美術館（Kimbell Art Museum）（美國德州沃斯堡〔Fort Worth〕，1972年）。形成建物結構的柱和拱頂是清水混凝土，牆上鋪石灰華。這是以特定質材展現格調的建物。對氣候乾燥、日照強烈的德州來說，石灰華和清水混凝土可說是最恰當的質材和技法。

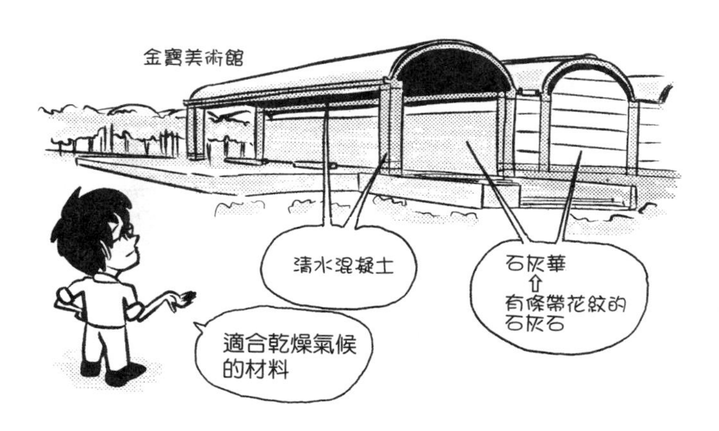

Q 石灰石和大理石為什麼耐酸性弱？

▼

A 因為主要成分是溶於酸的碳酸鈣。

石灰石受熱力變質作用再結晶之後，就是大理石。因此，石灰華和大理石的顏色和花紋近似。兩者的主要成分都是碳酸鈣。

石灰石（水成岩）→（熱力變質作用，再結晶）→大理石（變質岩）

石灰華的表面是多孔質，且多數是小條紋狀的孔。這種粗糙質感的石灰石，如果再結晶成為大理石，就變成堅硬緊實且有光澤的石材。

碳酸鈣是鹼性（鹽基性〔basic〕），與酸中和之後，成為透明溶液。存在於空氣中的二氧化碳（CO_2）是酸性，二氧化碳與雨和水混合，從岩石表面滲入內部。碳酸鈣與水和二氧化碳起化學反應，成為碳酸氫鈣，溶於水。

$CaCO_3 + H_2O + CO_2 = Ca(HCO_3)_2$（可溶性）

表面變黑，應該是空氣中或岩石內部的物質，溶出到上述水溶液，乾燥時顯現於表面。此外，表面被酸侵蝕，有光澤的平滑表面會變成凹凸粗糙。很可惜地，在多雨的日本，大理石和石灰華都不適用於外牆。

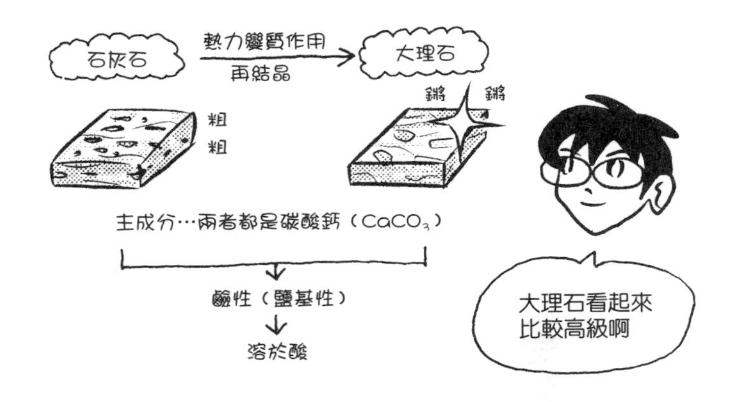

Q 蛇紋岩是什麼？

▼

A 有著像蛇一樣花紋的深綠色岩石。

蛇紋岩（serpentinite）是呈綠色的大理石，並帶有感覺像蛇的白色斑紋。這種石材質地緻密且堅硬，還有光澤。蛇紋岩是橄欖岩（peridotite，火成岩）變質形成的變質岩。

在建築中，蛇紋岩用於內裝的地板、牆，以及桌子面板等，非常適合素雅的室內設計。

蛇紋岩的花紋部分容易吸水、容易破裂等，所以主要用於室內。這種石材不適合用於外裝，即使使用也只用於鋪面。

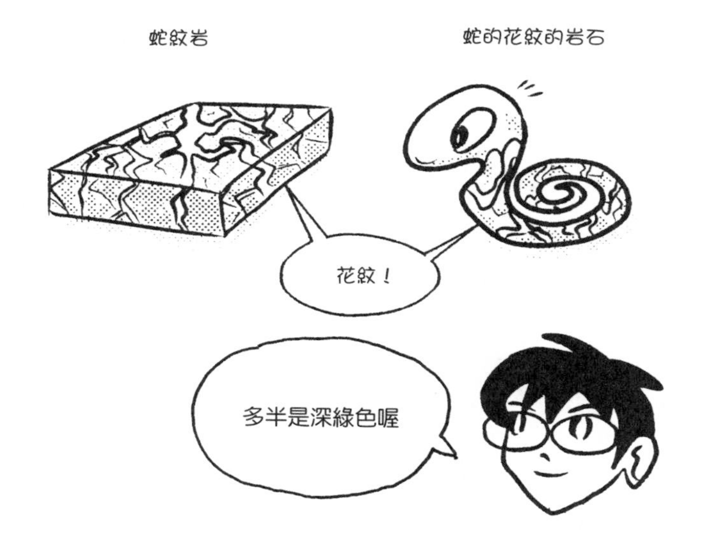

Q 砂岩是什麼？

▼

A 砂堆積在水中凝固而成的水成岩（沉積岩）。

砂岩表面呈砂粒狀，像砂紙般粗糙，無光澤。

砂岩具吸水性，在多雨的日本不用於外裝。如果水滲入凍結，體積膨脹就會破裂。此外，砂岩表面粗糙，容易附著髒污或發霉，灰塵或雨水很快就讓砂岩變黑。再者，砂岩表面容易剝落破碎，不適用於地板。另一方面，砂岩耐火性和耐酸性佳，主要作為室內的壁材使用。

火成岩、水成岩（沉積岩）→（變質）→變質岩

外牆適合使用花崗岩。請先記住花崗岩、石灰石、石灰華、砂岩、大理石、蛇紋岩等名稱。如果設計時猶豫不決，使用花崗岩準沒錯。

火成岩：花崗岩等
水成岩（沉積岩）：石灰石、石灰華、砂岩等
變質岩：大理石、蛇紋岩等

Q 磨石子板是什麼？

A 用白水泥等凝固粉碎的粗石（fieldstone）而成的人造石板。

大理石或花崗岩的厚板價格昂貴，因此粉碎粗石，用白水泥或樹脂凝固，再研磨表面，成為粗石風格的磨石子板（terrazzo block）。這種石材外觀接近大理石，所以又稱**人工大理石**（cultured marble，人工大理石中有些不用粗石）。

磨石子板主要用於內裝的修飾，多半使用在出入口、游泳池旁、浴室、廁所的地板或隔間、拱肩牆或扶手的蓋板等。有些產品耐水性強，也可用作廚房流理台的面板。

terrazzo是義大利文，指粉碎粗石，再鋪設到地板等處的馬賽克修飾之意。粗石的馬賽克修飾，現今也用在外廊、游泳池或浴缸的修飾等。

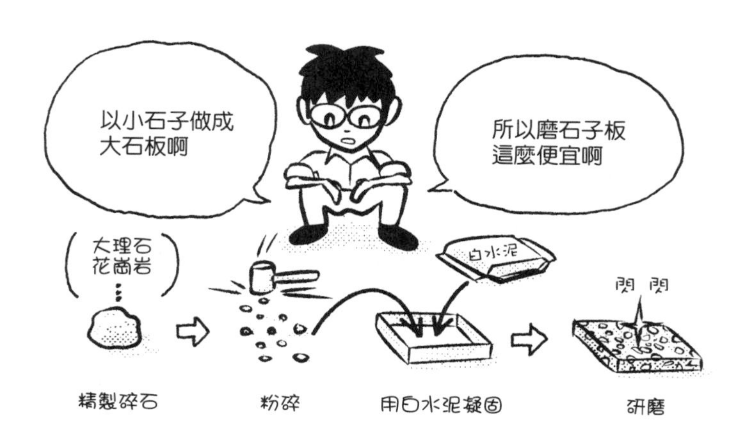

Q 洗石子是什麼？

▼

A 鵝卵石、碎石等與砂漿一起施作為面塗層（top coating），然後噴水去除表面的泥漿（水泥＋水），露出石材凹凸的修飾方式。

以水來洗砂漿＋精製碎石的表面，露出精製碎石的方式，稱為洗石子（wet screening，又名洗濕法）。水洗時，使用刷子、鋼絲刷、噴霧器等。

洗石子所用的石頭各式各樣，包括大顆鵝卵石、小顆鵝卵石、礫石、碎石等。隨著石頭的形狀、顏色、紋理不同，可以打造出多樣化風貌。去除泥漿後，表面露出石材的凹凸。這種凹凸呈現不同風貌，施作鋪裝也可防滑。

雖然洗石子主要用在室外的鋪裝，玄關的地板也會使用。採用和歌山縣那智的黑色鵝卵石施作洗石子修飾的玄關土間，在日本普遍可見。有時牆也會部分使用洗石子。此外，還會在混凝土表面施作洗石子，顯現礫石質感。

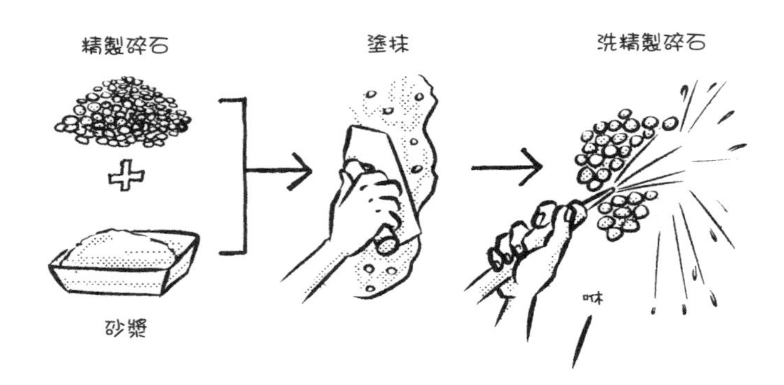

Q 擦光輪是什麼？

A 研磨石頭等用，以毛氈（felt）、聚氨酯等做成的輪。

buff的原意是研磨用的貼皮棒等。現在使用像鑽孔機一樣繞轉的機械，這種研磨輪就稱為擦光輪（buff）；經過擦光輪研磨，稱為擦光（buffing）。

岩石、金屬、木頭等，會換用不同類型的擦光輪來研磨。以石材的情況來說，可以把表面加工得光滑亮麗。石材的擦光是在拋光工序（polishing procedure）進行。石材的拋光加工順序如下：

粗磨（coarse grinding，粗研〔coarse sharpening〕）→水磨（liquid honing，中磨〔medium grinding〕）→拋光

每個程序各有研磨用的磨石（whetstone）、研磨機（grinder）等研磨器具。從粗研磨器具慢慢替換為細研磨器具，最後才是擦光輪。

石材拋光是讓石材表面光滑最常採用的石材加工方式，牆和流理台、桌板等所用的石材會施作拋光。施作拋光後，少有凹凸，不容易堆積灰塵，水容易流動，所以也常用於外牆。然而，拋光石材容易滑，地板避免使用。

Q 鑿石鎚是什麼？

▼

A 如下圖，集合許多小金字塔形狀的鎚子，用於石材的鎚鑿石面（bush-hammering）。

鎚鑿石面是用鑿石鎚（bush hammer）敲打石材，在石材表面形成細密凹凸的加工。鑿石鎚是這種加工方式的專用槌。

用鑿石鎚敲打之後，以琢面用的刃鎚敲打，進行尖琢（pointed finish），在石材表面做出刃鎚的橫條紋。這是石材加工中單價最高的高級加工。

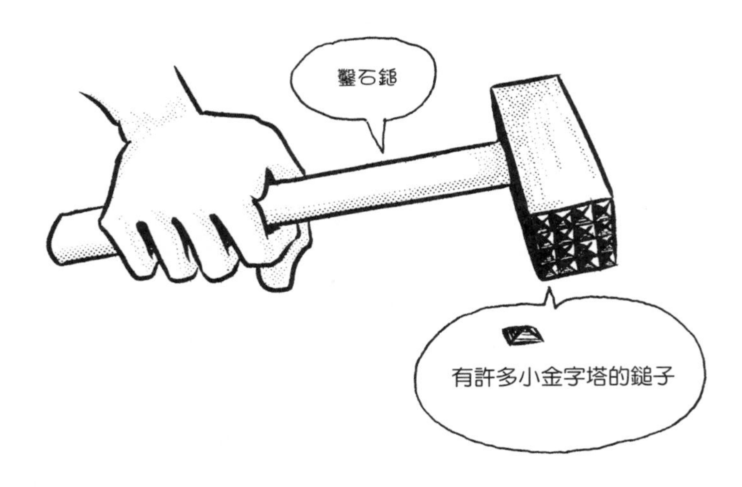

Q 劈面是什麼？

▼

A 維持石材劈開的原貌，未經手工處理的加工。

劈面（split face）是呈現石材的粗獷質材感和凹凸紋理的加工法。這種加工法會讓表面變得粗糙又凹凸不平。

常用的方式是，做出約100mm×300mm×30mm大小的劈面石塊，像貼磚一樣把石塊貼在外牆上。石塊不大，所以成本便宜。

此外，圍牆、門柱、鋪面等也多可見劈面。劈面加工和拋光加工一樣都是最常用的加工方式。

劈石時是用楔子。用鎚子從上方敲打，楔子兩側的刃把石材左右二分劈開。此外，也有劈石的大型機器。

「劈」和「切」是不同的。劈必須打入楔子才能劈開；切是用金剛石切割器（diamond cutter，金剛石鋸〔diamond saw〕）。使用切割器切開時，石材上留有刀刃轉動的痕跡，不似劈開般趣味的石面。

將劈面的凹凸再發展到極致，就是塊石鋪面加工（pitched face finish）。

塊石鋪面加工是做出比劈面更大的凸起狀凹凸，昔日的鋪石建物廣為採用。由於凹凸部分大而明顯，更能強調石頭原本的粗獷感，看起來正如層層堆疊石頭而成，且彷彿自然的岩石。

Q 噴流燃燒器加工是什麼？

▼

A 用噴流燃燒器（jet burner）燒石材表面，使表面呈現細密凹凸的加工方式。這種加工也稱為燃燒器加工。

岩石的成分，包括石英、長石等，融點、膨脹率不同，燒掉部分和存留部分在表面形成細密起毛狀和細密凹凸。

雖然用石材做地板容易滑，但若施作燃燒器加工形成粗糙表面，就能產生防滑效果。這種方式不像鑿石鎚加工或尖琢那麼費工，防滑效果卻更好，所以廣獲採用。由於必須加熱，石材厚度要超過3cm。

做出粗糙、凹凸表面的方法，還有噴砂加工。這是噴出細鐵砂，在表面製造細小刮傷的方法。噴砂不只用在石材，也用於金屬加工。

加工方式的凹凸細密度、紋理細密度順序如下：

抛光＜噴砂＜噴流燃燒器＜尖琢＜鑿石鎚＜劈面＜塊石鋪面

其他還有各式各樣加工方式，但請先記住上述七種方法。

Q 乾式鋪石是什麼？

A 如下圖，以金屬緊固件（fastener，又名扣件）固定石板的工法。

首先，將不鏽鋼L型金屬構件（角鋼〔angle〕）錨定在混凝土面上。這個構件稱為**第一緊固件**（first fastener）。接下來，將附有**定位梢**（dowel pin）的**第二緊固件**（second fastener），插入石材的定位梢孔（dowel hole）後，用螺栓固定於第一緊固件。

dowel是源自木造建築的用語。dowel是細小插入的零件，dowel hole則是插入的地方。這樣的構造是，在石材上開定位梢圓孔，插入定位梢，以便固定石材。

石材的重量也以緊固件支撐。石材相互之間的縫隙灌入密封材。這種不用砂漿固定，也就是不使用水的工法，稱為**乾式**（dry type）。相反地，使用砂漿填充石材內面的工法，因為使用水，所以稱為**濕式**（wet type）。

在各種工程中，使用水的方式稱為濕式，不用水的方式稱為乾式。一般來說，乾式比濕式更值得信賴，施工也更容易。

近來不太採行用砂漿填滿在石材與牆之間的濕式鋪石，乾式才是主流。然而，即使是乾式鋪石，為了防止遭受衝擊導致石材破裂，在牆的最下部還是採用填充砂漿的濕式。

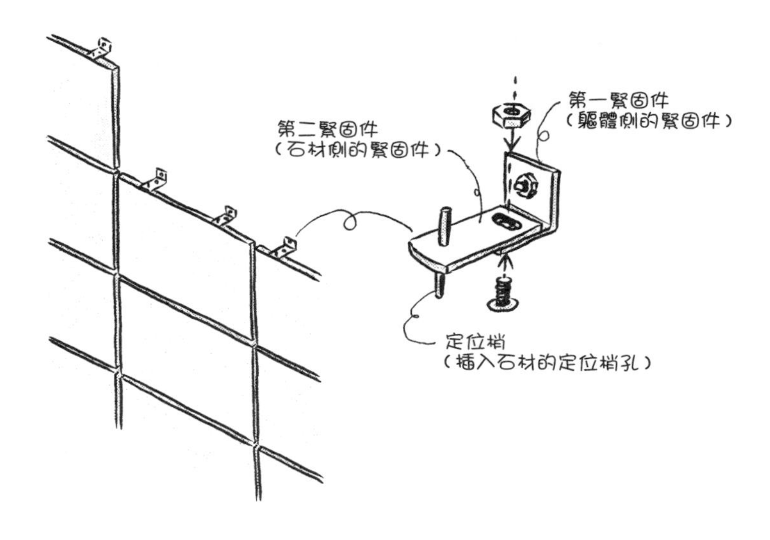

Q 正式塗裝之前，為了讓塗料密著而塗在基材的底塗劑叫作什麼？

▼

A 叫作密封劑（sealer）、底漆（primer）等。

seal是密封、封印、塞住之意。sealer是用以密封的東西，密封住基材的小孔或凹凸，使其平滑，讓塗料充分附著的底塗塗料、基材調整劑。

prime是第一、最初之意。primer是最先塗上的塗劑，也就是底塗塗料。密封劑與底漆幾乎用作同義詞。

填料（filler）是用以填滿（fill）的東西，有填塞物之意，所以與密封劑、底漆不同，是塞住大洞的基材調整劑；不過，有時填料也會與密封劑、底漆作為同義詞使用。

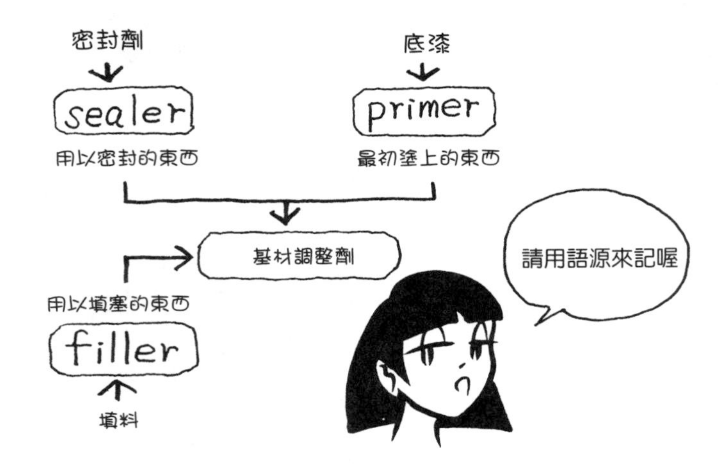

Q 合成樹脂乳膠漆是什麼？

▼

A 樹脂在水中乳濁化的水性塗料（water-based coating）。

乳劑（emulsion）是像牛奶、美乃滋或白膠般的乳濁狀液體。這種液體將像油與水一樣相互無法混合的液體分散後，再使其成為溶合的狀態。

合成樹脂乳膠漆（synthetic resin emulsion paint）是合成樹脂（油）在水中分散而非分離，所形成的乳濁液體。水乾燥之後，只剩下合成樹脂，形成塗膜。

合成樹脂乳膠漆也稱為乳膠塗料（emulsion paint）、水性塗料，取emulsion paint的縮寫，簡稱EP。

EP適用於混凝土面、砂漿面、石膏板面、木頭，不適用於金屬面。請記住「**EP×金屬**」。

雖然是水性，但並非完全不適用於外裝，最近也普遍用在室外。此外，也開發出許多這類適用於室外的產品。

稀釋劑（thinner）等有機溶劑因為氣味及影響健康等問題，也多半逐漸使用水性塗料。

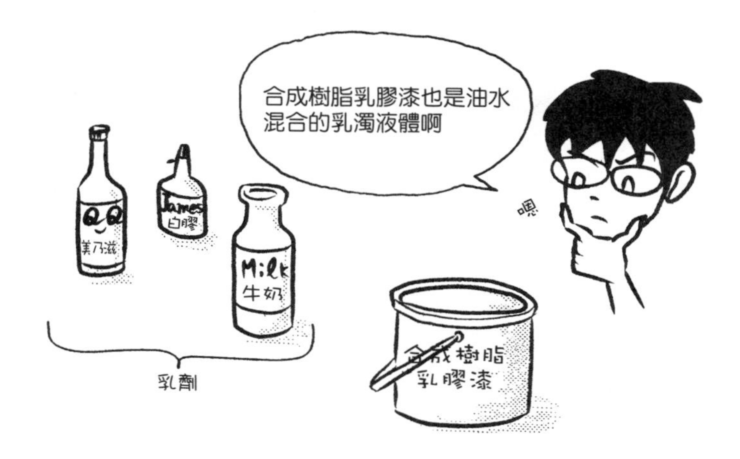

Q 光觸媒塗料是什麼？

▼

A 加入具自潔效果（self-cleaning effect）的光觸媒，不易附著髒污的塗料。

光觸媒是接觸光就會①具強烈氧化作用②具超親水性（super-hydrophilic property）作用的觸媒。觸媒本身不會發生變化，而是促進反應等。

二氧化鈦作為光觸媒使用。建築中會應用②的超親水性作用。超親水性是指撥水而不會形成水珠，與水融合促進順暢流動的作用。

塗膜附著油等髒污時，很難用水沖洗去除乾淨。藉由光觸媒的作用增加親水性，水在表面容易流動，就能和油一起流走。等於是用雨水自動做清潔，就像具有自潔效果。

水性的合成樹脂乳膠漆等已開發了加入光觸媒的產品。雖然光＋水就能讓表面的髒污流走，光觸媒塗料（photocatalytic coating）究竟有多少效果實際上仍然未知，切記不可過度期待。

除了光觸媒之外，也有很多塗料加入防霉劑。北側立面等無日照的牆，容易附著黑色霉斑，加入防霉劑也能有效預防；只是效果只能維持數年，之後還是會發霉。塗裝面不像磁磚面那樣能夠一直保持清潔。

除了塗料之外，光觸媒也應用在磁磚、玻璃、塑膠壁布等。這些加入光觸媒的產品都具有不容易附著髒污、水容易流動的優點。

Q 合成樹脂調合漆是什麼？

▼

A 用油和樹脂調合顏料而成的油性塗料（oil-based coating），簡稱SOP（synthetic resin oil paint）。

顏料是顯示顏色的材料。用油溶解顏料的油性漆（oil-based paint, OP），也就是所謂油漆，雖然廣為使用，但缺點是乾燥速度慢、塗膜劣化速度快等。為了克服這些缺點，加入鄰苯二甲酸樹脂（phthalic acid resin），成為合成樹脂調合漆。

「在OP中調合合成樹脂而成的油漆」，所以稱為合成樹脂調合漆。

SOP價格便宜，廣為使用，但相較於其他樹脂塗料（resin coating），SOP耐久性不佳。塗裝費用大部分是人工費用，所以最好選用耐久性高於SOP的塗料。

SOP適用於鐵和木頭，不適用於混凝土或石膏等鹼性面。

請記住簡稱EP、SOP，同時一併記住適用與不適用的質材。

	混凝土	鐵	木
合成樹脂乳膠漆 EP（水性）	○	×	○
合成樹脂調合漆 SOP（油性）	×	○	○

先區分EP和SOP

然後記住×的位置

Q 乙烯漆是什麼？

A 用聚氯乙烯樹脂和溶劑調合顏料而成的塗料。

乙烯漆（vinyl paint）也稱為聚氯乙烯樹脂塗料、聚氯乙烯瓷漆（PVC enamel）等，簡稱VP（vinyl chloride resin paint）。

乙烯漆耐水性、耐油性、耐藥品性佳，雖然能夠塗在混凝土、鐵、木頭等各種質材上，但具有稀釋劑的強烈溶劑臭味，室內逐漸不使用這種塗料。因為作為溶劑的稀釋劑揮發，導致在日本發生多起塗裝浴室時中毒死亡的事故。水性塗料的性能也漸有改善，室內逐漸以水性塗料（EP）取代VP。

室外部分，乙烯漆用於混凝土面、屋簷內面、排雨管、上下水的聚氯乙烯管等。乙烯漆可做成有光澤的油亮表面，也可做成半光澤或無光澤的表面。如果做成半光澤或無光澤，耐久性和耐水性略差。

含有大量有機溶劑的VP，因為溶劑臭味等而不受歡迎，甚至室外都不太採用。目前高機能的水性塗料（EP）迅速取代成為主流。

Q 樹脂塗料有哪些？

A 氟素樹脂塗料（fluorine resin coating）、矽樹脂塗料（silicone resin coating）、聚氨脂樹脂塗料（polyurethane resin coating）、丙烯酸樹脂塗料（acrylic resin coating）、鄰苯二甲酸樹脂塗料（phthalic acid resin coating）等。

樹脂是人工製造的產物，集合大量分子的高分子化合物。每一種樹脂都是由複雜的化學式組成。最高等級樹脂是氟素樹脂，樹脂等級順序如下：

氟素樹脂＞矽樹脂＞聚氨酯樹脂＞丙烯酸樹脂＞鄰苯二甲酸樹脂

氟素樹脂的耐久性最高，鄰苯二甲酸樹脂的耐久性最低。合成樹脂調合漆也使用鄰苯二甲酸樹脂，但是耐久性比鄰苯二甲酸樹脂塗料更差。價格高低順序大致同上，現場需要調整成本時也幾乎依上述排序來考量。當然，要一併考慮使用的部位和材料。

樹脂除了類別的差異，還有所謂一液性（one liquid type）和二液性（two-liquid type）的區別。**一液性塗料**（one liquid type coating）是裝在一個罐內的塗料，直接塗裝使用。**二液性塗料**（two-liquid type coating）是混合兩罐液體再塗裝使用。藉由混合促進反應，能夠做出耐久性更高的塗料。

塗料製造商生產的樹脂塗料，分別註明了各式各樣的效能。但實際的性能如何，需要經過歲月觀察才能得知。

再者，樹脂塗料的效能當然還受到基材調整作法和施工精度等影響。極端地說，調合後裝入罐中做成的塗料，就像是黑箱作業。廠商以外的使用者應該經常確認實際功效。

Q 環氧樹脂塗料是什麼？

▼

A 用環氧樹脂和溶劑等調合顏料而成的塗料，耐藥品性、耐水性、耐熱性佳。

除了前面列出的五種樹脂塗料之外，還有用於特殊用途的環氧樹脂塗料（epoxy resin coating）。這種塗料耐藥品性、耐水性、耐熱性、電氣絕緣性佳，所以用在工廠或實驗室的地板、牆等。

由於環氧樹脂塗料耐水性和附著性佳，也有做成防鏽用或船舶用的塗料。基於良好的附著性，這種塗料也能用來塗裝不容易附著塗料的鋁或不鏽鋼；而且塗膜強韌，還能用來塗裝高爾夫球。

二液型接著劑也會使用環氧樹脂。因為環氧樹脂具有像使用接著劑一樣的接著力和附著力。環氧樹脂塗料可說是樹脂塗料中的特殊塗料。

這種塗料能夠塗裝混凝土、鐵、鍍鋅、鋁、不鏽鋼、木頭。

Q 著色劑是什麼？

▼

A 為木頭著色的溶劑。滲透到木頭內部，不會形成塗膜，保有木頭本色的著色物。

著色劑（stain）有油性著色劑（oil stain）和水性著色劑（water stain）。兩種都能滲透到木頭內部，著色後仍保有木皮和木紋的本色。

stain 原先是指染料、著色料。雖然具有保護木材的作用，但因為滲入內部，不會在表面形成塗膜，耐候性不佳。

以油性著色劑著色之後，如果用透明塗料施作面塗層，在表面形成透明塗膜，就能提高耐候性、耐水性，也不易附著髒污。

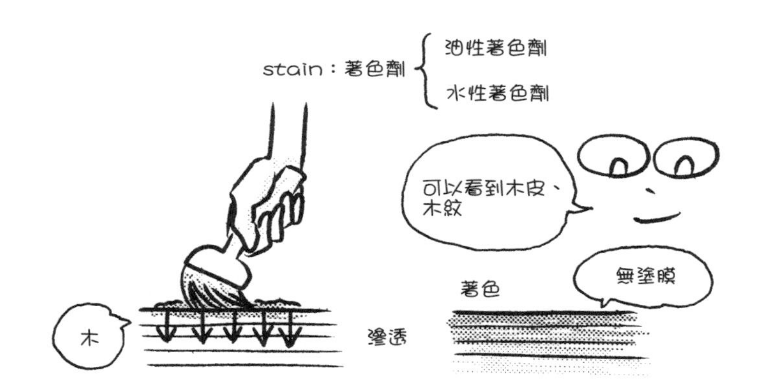

Q 清漆是什麼？

▼

A 為了保護木材表面所塗的形成無色透明塗膜的面塗層用塗料。

清漆（varnish）是透明的，所以又稱透明漆（clear）。

這種塗料會形成透明塗膜，保護表面，所以經常用於保有木皮和木紋本色的木製品。

不僅是塗於木材的稱為清漆，透明的塗料或尚未混合顏料的透明液體，也稱為清漆或透明漆。

清漆是由油、樹脂和溶劑組成。與聚氨酯樹脂調配而成的聚氨酯清漆（polyurethane varnish），耐熱性和耐藥品性強，廣獲使用，也稱為**聚氨酯透明漆**（polyurethane clear）。

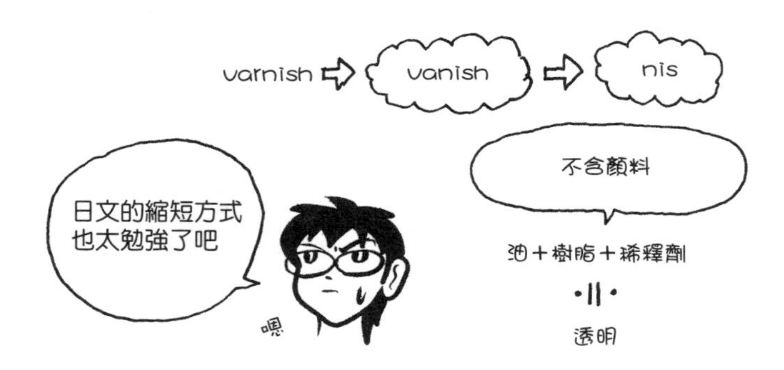

Q 蟲膠是什麼？

A 從紫膠蟲（Lac insect）的殼抽出的樹脂，作為蟲膠清漆（shellac varnish）或快乾漆（lacquer）的原料。

紫膠蟲是棲息在中國、印度、泰國等地的昆蟲。這種殼上多足外形的昆蟲，雌蟲產卵時形成蟲殼。從蟲殼中抽出的樹脂，就是蟲膠（shellac）。

市售的蟲膠是薄片狀的固體。蟲膠清漆是透明塗料，加入酒精中溶解，用於塗裝木製家具等。重複進行塗裝研磨、塗裝研磨之後，就形成有光澤的硬質塗膜。

快乾漆是蟲膠溶於稀釋劑等強烈溶劑而成。快乾漆的英文lacquer取自Lac insect的Lac。雖然快乾漆的名稱來自紫膠蟲，但現在快乾漆多半用丙烯酸樹脂等做成，少用蟲膠。

透明快乾漆（clear lacquer）常用在建築工程中。用油性著色劑著色之後，表面塗上透明快乾漆，形成塗膜。油性著色劑簡稱OS，透明快乾漆簡稱CL，油性著色劑透明快乾漆塗層記為OSCLL。

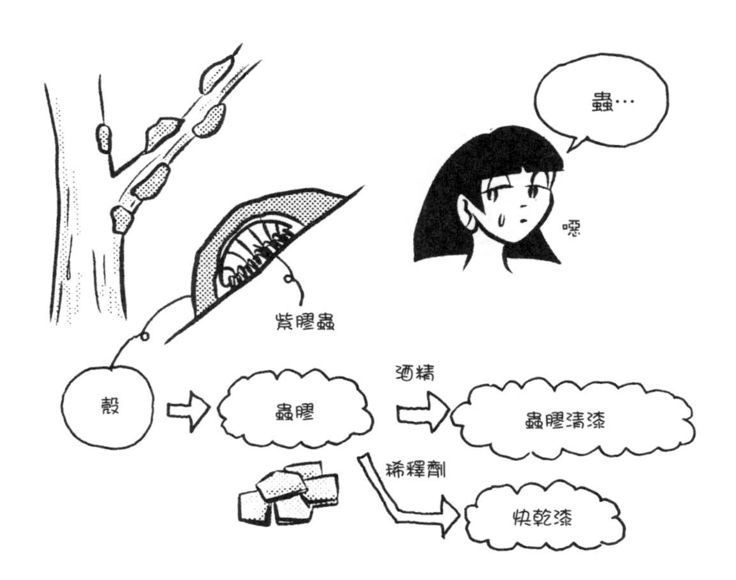

Q 琺瑯塗料是什麼？

A 形成有光澤的不透明塗膜、含顏料的塗料。

enamel原意是指玻璃質的琺瑯（又名搪瓷）。牙齒表面也是琺瑯質。

因為是能夠形成光滑、有顏色的不透明塗膜的塗料，所以稱為琺瑯塗料（enamel coating，又名搪瓷塗料）。可以形成有光澤的平滑塗膜、玻璃質般塗膜的塗料，就是琺瑯塗料。因此，指甲油等也可稱為琺瑯塗料。

含顏料的○○樹脂塗料，也稱為○○樹脂琺瑯。前述樹脂塗料分別成為氟素樹脂琺瑯、矽樹脂琺瑯、聚氨酯樹脂琺瑯、丙烯酸樹脂琺瑯、鄰苯二甲酸樹脂琺瑯、環氧樹脂琺瑯。

相較於透明快乾漆是透明塗膜，快乾漆琺瑯是不透明塗膜。

皮革製品等在名稱中有琺瑯二字，表示皮革表面塗有琺瑯塗料，施作增強光澤的塗飾。

此外，雖然琺瑯塗料的特徵是光澤，但也能調整成有光澤、無光澤或半光澤。

Q RC造的區分所有權大廈中，住宅單位的分界牆用哪種材料建成？

▼

A 用RC建成。

區分所有權（即分戶共管式）是指土地共有，建物本體也共有，只有牆圍起的內部空間是專有權利。這是一種特殊的所有權。

為了確保專有空間，分界牆（boundary wall）最好採用RC。因為RC無法輕易移動、破壞、剷平、燃燒。如果輕易就能移動，權利劃分將曖昧不清。就像土地分界曖昧不清的情況一樣，容易導致嚴重糾紛。

鋼骨造（S造）中，雖然有些以混凝土板等作為分界牆，但無論採用哪種材料，都是不易移動、不易破壞、不易燃的隔間材料。

中小規模的區分所有權大廈，一般用RC造的牆圍起住宅單位。天花板樓板和地板樓板當然也是RC造。只有這個用混凝土圍起的部分是專有空間。牆本身、樓板本身是共有物。

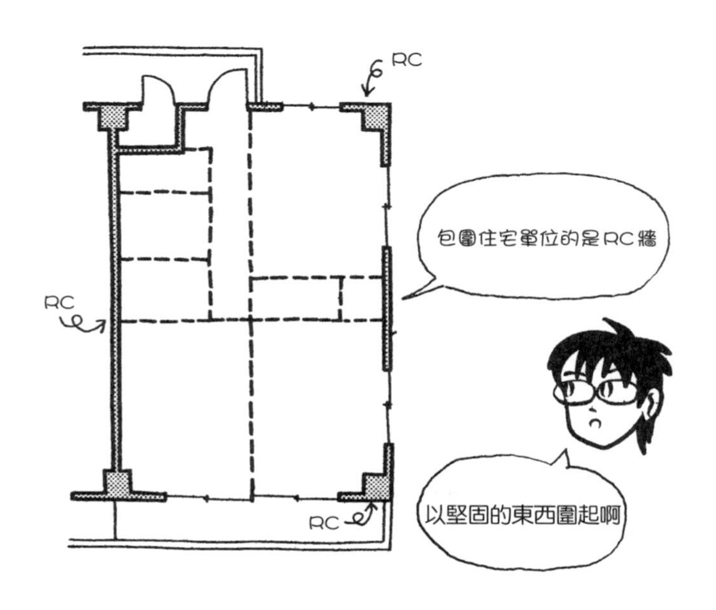

Q RC造的區分所有權大廈中，住宅單位內部的隔間牆用哪種基礎建成？

▼

A 用木基礎或輕鋼架基礎建成。

若是框架結構，全部的牆都是用木基礎或輕鋼架基礎（輕鋼基礎）建成。承重牆結構中，住宅單位內部必須有RC牆時，只在需要的部分用RC造，其他部分仍用輕質材料建造。

如果住宅單位內部的牆也用RC造，為了支撐RC的重量，樓板下方必須增裝梁，增加成本。此外，日後改裝要變動內部平面時，RC造的牆不容易破壞。如果是木基礎等輕質牆，就能輕易破壞。

木基礎的牆作法是，將約1/2柱或1/3柱尺寸的間柱用構件，以30～45cm的間隔排列，再在兩側貼上板。輕鋼架基礎的牆作法是，折彎薄鐵板而成的C型斷面間柱，同樣以30～45cm的間隔排列，再在兩側貼上板。

這樣做出的輕質牆，強度不高，一腳就能踢破。隔間牆（partition wall）為了隔音，必須層疊貼上多塊板，以提高牆的等級。

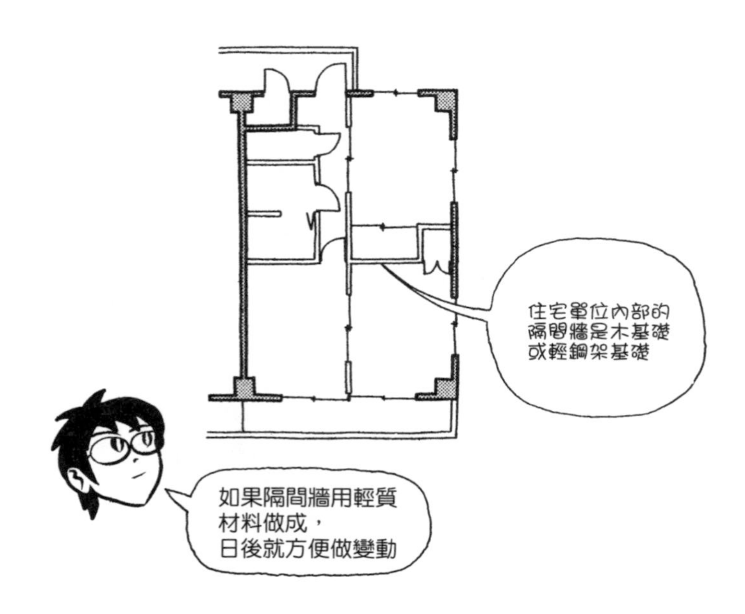

Q 內隔熱與外隔熱有什麼不同？

▼

A 不同處在於隔熱材在RC軀體的內側還是外側。

內隔熱（internal insulation）與外隔熱（external insulation）不同的地方是，聚苯乙烯泡沫塑料、聚氨酯發泡體（urethane foam）、玻璃棉（glass wool）等不易導熱的材料，是貼在RC外牆的內側還是外側。

如果預算許可，以RC來說，外隔熱較佳。首先，建物的耐久性截然不同。因為太陽的熱、雨等不會直接接觸RC軀體，軀體受到的相關損傷隨之減少。如果RC採用內隔熱，不斷熱膨脹收縮，雨滲入之後，導致鋼筋生鏽等問題，會嚴重損傷軀體。

房間的熱環境也以外隔熱較佳。開啟暖氣，RC軀體隨之變暖。這就像把棉被裹在外側的狀態，一旦變暖，RC軀體就不太容易冷卻。雖然暖氣的升溫效果不佳，但RC軀體在整個季節都保持溫熱狀態，軀體本身的溫度變化小，室內非常舒適。另一方面，內隔熱只是內部的空間變暖。雖然這種方式很快就變暖和，但只是溫熱空氣，很快就會降溫。

此外，內隔熱還有容易結露的缺點。內隔熱時，RC的牆表面是冰冷的，向外擴散的水蒸氣停留在牆面，形成水滴。因為是隔熱材內側的結露（內部結露），不僅處理不易，還會導致發霉和污染室內空氣。

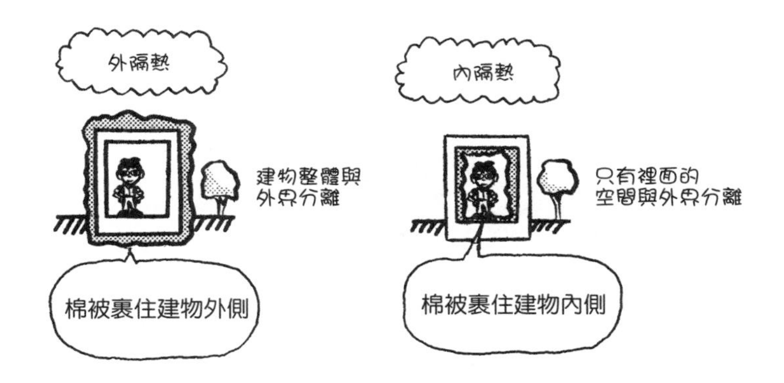

Q 聚苯乙烯泡沫塑料是什麼？

▼

A 含有大量氣泡的聚苯乙烯板。

以聚苯乙烯泡沫塑料作為材料的商品名稱，就是一般熟知的保麗龍。這種材料含有許多氣泡，不易導熱，所以常作為隔熱材。

form是使之成型的板。聚苯乙烯泡沫塑料是以聚苯乙烯為原料而成型的發泡材。空氣具有不易導熱的性質，但當空氣移動（指對流）時，就會傳遞熱。於是把空氣封入小單位中，讓空氣不會移動，就提高了隔熱性。聚苯乙烯泡沫塑料的氣泡就是封閉為獨立型態，所以不易導熱。

類似的材料還有常用於包裝的發泡性聚苯乙烯。不過，發泡性聚苯乙烯的氣泡不是獨立的，而是分散放入聚苯乙烯顆粒周圍的型態，所以隔熱性不如聚苯乙烯泡沫塑料。

聚苯乙烯泡沫塑料還有不易凹陷的優點。新建材的榻榻米，內部雖然使用聚苯乙烯泡沫塑料，但上方承載人或家具也不會凹陷，甚至在上面澆置混凝土，承載車輛也沒問題。因為重量分散，能夠耐受很大的荷重。

此外，由於氣泡多，重量輕也是優點之一。這樣不僅能減輕建物本身的重量，施工也輕鬆，而且有不易吸水（吸水性低）的特性。

Q 如何把聚苯乙烯泡沫塑料（保麗龍）裝在RC軀體上？

▼

A 一般的作法是，聚苯乙烯泡沫塑料在模板階段放入，接著灌注預拌混凝土，讓聚苯乙烯泡沫塑料與混凝土一體化。此外，也有附加聚苯乙烯泡沫塑料的內裝用板產品，使用板用接著劑（GL接著劑等）把板固定在RC軀體上。

貼附有隔熱材的板這種方式的隔熱可靠度不高，因為隔熱材薄，接合處等地方有時隔熱材不相連等。最好還是與混凝土一起澆灌，與混凝土一體化，才是好的施工法。

基礎下方的隔熱和屋頂上的隔熱，多半與混凝土澆灌同時進行。以屋頂上的情況來說，防水層上鋪入聚苯乙烯泡沫塑料，上方再澆灌混凝土保護層，保護防水層和隔熱材。

外隔熱使用聚苯乙烯泡沫塑料時，雖然澆灌混凝土，但必須在隔熱層外側裝上外裝材。支撐這個外裝材的金屬零件要預先設置在混凝土中。

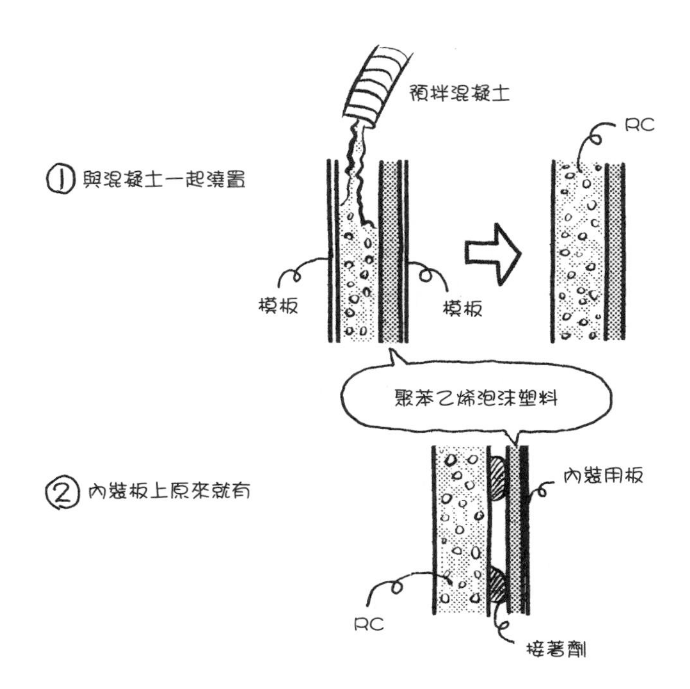

Q 現場發泡聚氨酯是什麼？

▼

A 在現場噴塗發泡聚氨酯的隔熱材。

直接噴塗於RC軀體，現場讓聚氨酯發泡，成為約3～5cm厚度的隔熱材，就是現場發泡聚氨酯（foaming-in-place urethane）。這種材料和聚苯乙烯泡沫塑料一樣，內部有大量氣泡，所以成為不易導熱的隔熱材。

由於是現場噴塗，牆的凹角（reentrant angle）、柱與梁的接合部分等凹凸多的地方，能夠噴塗完全，不留縫隙。相較於澆灌聚苯乙烯泡沫塑料，噴塗的方式不會產生縫隙。

然而，吸水之後，隔熱性變差。近年來，也已經開發了長期不吸水的產品。此外，因為是噴塗的方式，缺點是厚度不均，隔熱層厚薄不一。

把發泡聚氨酯噴塗於RC軀體後，用專用接著劑（GL接著劑等）把板貼上。發泡聚氨酯表面凹凸不平，利用接著劑稍微間隔一些空間，再貼上板，做成平滑的垂直面。然後，施作在板上貼壁布或塗裝等修飾。

現有市售罐裝噴霧式發泡聚氨酯，能夠噴塗窗框與RC軀體的縫隙、隔熱材相互之間的縫隙等細小縫隙。要用隔熱材填滿小縫隙時，這樣的產品很方便。

Q 玻璃棉是什麼？

▼

A 將玻璃纖維做成棉狀、羊毛狀的隔熱材、吸音材。

玻璃的優點包括不燃、不溶於水、不腐朽、不受蟲蛀等。

將玻璃做成纖細短線，再製成棉狀，就是glass wool（玻璃棉）。wool是羊毛之意，這裡是指像羊毛一樣的棉狀。

纖維做成棉狀之後，裡面形成許多獨立的氣泡。氣泡多則輕，像其他發泡材一樣不易導熱。

玻璃棉通常以每單位體積（$1m^3$）的質量（kg）來表示。有$10kg/m^3$、$16kg/m^3$、$24kg/m^3$等各種形式；或者以10K、16K、24K等來表示。玻璃棉每單位體積的質量大者，獨立氣泡數多，隔熱性高。

玻璃棉：每單位體積的質量大→隔熱性高

把球丟到像棉被一樣的墊子上時，球不會回彈。因為能量被柔軟的棉吸收。同樣地，玻璃棉也會充分吸收聲音的能量。柔軟的棉振動，裡面的氣泡也振動，吸收了空氣振動的能量。

因此，玻璃棉不僅是不燃材，還具有隔熱性、吸音性等絕佳性質。玻璃棉廣泛用作建物的隔熱材、音樂室或機房的吸音材等。

Q 如何安裝玻璃棉？

A 玻璃棉呈軟墊狀，所以夾在墊條（furring strip）等棒狀材之間固定。

木造建物安裝玻璃棉的方式是，在間柱之間填充放有玻璃棉的袋子，再釘釘子等固定在間柱上。此外，若是木造地板，在地板格柵下方鋪繩等，防止玻璃棉掉落，然後夾在地板格柵與地板格柵之間固定。

如果是RC軀體，如下圖所示，先橫向設置稱為**墊條**的木製或金屬製細棒，然後像覆蓋在上面一樣塞入玻璃棉。使用專用金屬零件，把玻璃棉固定在軀體上。在**橫墊條**上方，裝上垂直相交的**縱墊條**，然後裝置外裝材。下圖是在軀體外側黏貼玻璃棉，所以是外隔熱。

除此之外，還有各種工法，但相較於澆灌聚苯乙烯泡沫塑料的安裝方式，都更為複雜。聚苯乙烯泡沫塑料已呈板狀，對厚度有保持力，可以直接把板接著在上面。另一方面，玻璃棉是棉狀，很難保持原狀，必須考量固定方式。

此外，施工時，如果雨水滲入玻璃棉墊中會很棘手。雖然玻璃纖維本身不吸水，不過水會進入周圍的空氣部分。若發生吸水的情況，必須乾燥之後才能繼續施工；維持吸水狀態直接使用會降低隔熱效果。

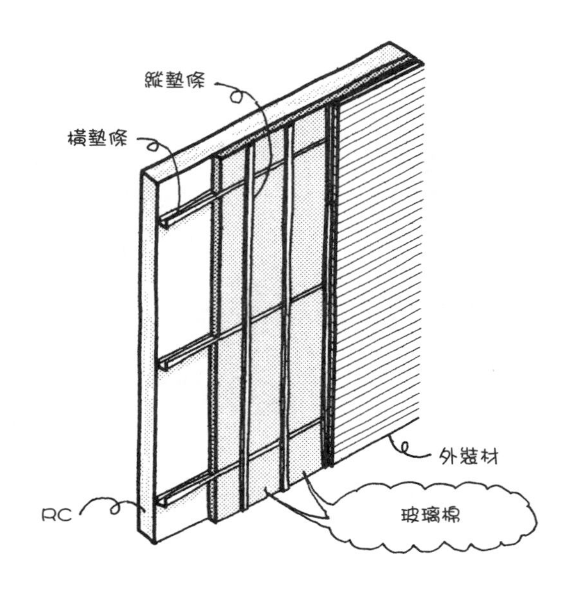

Q 如何在RC軀體的牆上貼塑膠壁布或塗裝？

▼

A RC牆的表面並不平滑，所以要先用接著劑貼上石膏板修飾，或塗上砂漿修飾。

拆掉混凝土模板後，RC的表面凹凸不平又粗糙。如果最初就決定用清水混凝土，模板工程就會細心施工，使得表面平滑，但情況通常不是如此。

通常會用專用接著劑（GL接著劑等），讓石膏板接著在RC牆上。在混凝土表面，以約20cm間隔塗上接著劑，再把板壓緊接著。由於有接著劑圓塊，板在混凝土面墊高約2cm處，所以能形成齊整的平面。

用接著劑把石膏板黏貼在混凝土上的工法，因為使用GL接著劑這項商品，所以稱為**GL工法**（gypsum board lining method）。GL工法不僅用於混凝土面，也用在聚苯乙烯泡沫塑料（保麗龍）面、發泡聚氨酯面。在外牆施作隔熱後貼上板時，也能使用GL工法。

如果不用接著劑，也有在混凝土中等距埋置木片（木磚）的方法。在木片上設置墊條，再把板釘入墊條固定。現在用接著劑貼板的方式施工簡單，所以非常普及。

把砂漿塗在混凝土面，也能整平牆面。塗上約3cm厚的砂漿，整平表面，上面再貼壁布或塗裝。另外也有直貼等方法。

大廈的界牆如果在牆的兩側使用GL工法，空氣層形成相同厚度，會發生聲音共鳴的現象。為了防止共鳴，可以兩側皆用砂漿，或是一側用板一側用砂漿。

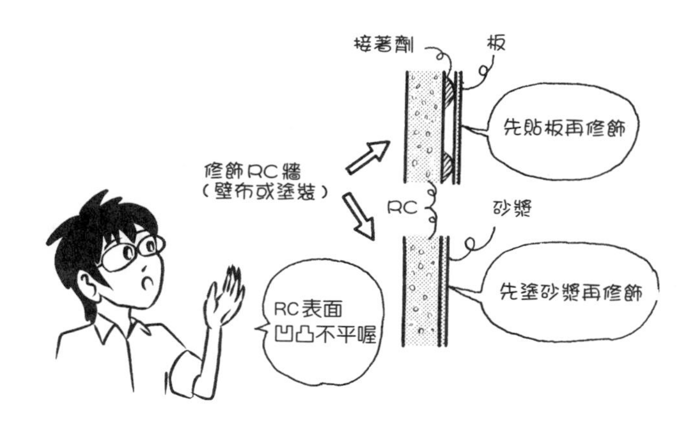

Q 板黏貼於RC時，為什麼必須貼在距RC表面稍微墊高的地方？

▼

A 為了防止板從地板吸收水分。

如下圖，把板裝在楔子上方，用GL接著劑貼在RC牆上。因為混凝土面含有水分，所以從下方墊高約10mm。

界牆貼雙層板時，為了隔音，有時會一直貼到下方。這時必須確認地板面是否充分乾燥。最理想的方式是，板的下方放入吸水性低質材的棒子，再把板放在上面貼上。

GL接著劑是石膏板專用的接著劑，能夠直接把板貼在RC面、聚苯乙烯泡沫塑料面、發泡聚氨酯面。

GL接著劑的圓塊，能夠讓板貼在距基材面墊高約10～15mm的地方。如果板是12.5mm，RC面到板表面約為25mm。

GL接著劑12.5mm＋板12.5mm＝25mm

採整數計算，圖面上標定為25mm。如果隔熱材是30mm：

隔熱材30mm＋GL接著劑12.5mm＋板12.5mm＝55mm

部位不同，GL接著劑的間隔也不同，附著在牆上的接著劑圓塊約間隔10～30cm。

Q 座板是什麼？

A 建造內部的隔間牆時，固定於牆上下的U型輕鋼架基礎的構件。

runner是跑者之意，也有橫拉門等滑動用的溝、門檻等意思。建築中的runner（座板），便是指這類細長溝型的構件。

如字面所述，輕鋼就是輕的鋼骨。之所以輕，是因為將約0.8mm的薄鐵板彎折成棒狀。輕鋼架基礎又稱輕鋼基礎。

此外，輕鋼簡稱LGS，原文為light-gauge steel（輕量規格的鋼→輕鋼）。圖面上以LGS基礎等表示。

即使同樣是U型斷面，座板與溝型鋼（channel）是不同的。溝型鋼是將熔融的鐵澆鑄為溝型而成的鋼材。輕型鋼座板單手就能輕鬆拿起，溝型鋼卻非常沉重，掉下來被砸到肯定會受傷。

座板必須先固定在地板和天花板的RC軀體上。通常是用機械打入鉚釘，錨定在軀體上。配合座板豎立垂直的間柱，到了座板與間柱牢牢固定的階段，再貼上板。

Q 間柱是什麼？

▼

A 建造隔間牆時輕鋼架基礎的構件。

先用鉚釘把座板固定在RC軀體上，然後豎起間柱。間柱是用螺釘固定在座板上。

間柱是木造建築用語。以約45cm間隔裝入牆中，是固定牆的修飾材所用的小型柱。由於只是支撐兩側的板，細構件也沒關係。間柱的英文是stud。

輕鋼架間柱的斷面大小通常約30mm×65mm。高度較高時，也用30mm×75mm、30mm×90mm、30mm×100mm等的間柱。

由於是在65mm的兩側貼上厚度12.5mm的板，輕鋼架隔間牆厚度就是12.5mm＋65mm＋12.5mm＝90mm，或說9cm。為了提高防音性能和耐火性能，有時會增加板的厚度。

Q 1. 輕鋼架牆基礎的橫撐是什麼？
2. 輕鋼架牆基礎的間隔物是什麼？

▼

A 1. 銜接間柱與間柱之間的U型輕型鋼，防止間柱搖晃和倒塌。
2. 嵌入間柱中，避免間柱的U型被壓向內側垮掉的金屬零件。

如日文字面「振れ止め」所述，橫撐是防止搖晃的構件。這種構件與座板、間柱一樣是彎折薄鐵板而成的棒狀物，橫跨在間柱與間柱之間。

間柱上開洞，以便一開始就可以裝置橫撐。橫撐裝在間柱的洞中，或是裝置在間隔物的溝中成為一體。

由於間柱是彎曲薄鐵板而成的棒，若從兩側擠壓，U型會凹陷。為了防止這種情況，裝入稱為間隔物的金屬零件。

間隔物是維持間隔的金屬零件。在建築中，間隔物出現在各種地方。維持模板間隔的金屬零件，也稱為間隔物。

輕鋼架牆基礎的間隔物附有溝，可作為嵌入橫撐之用。間隔物以60cm間隔大小裝入間柱及下上端。

Q 輕鋼架牆基礎的開口補強材是什麼？

▼

A 補強門等開口部用的構件。

門開開關關、家具移動時的碰撞等，各種力施加於開口部，所以開口部可說是很容易損壞的部分。因此，以堅固的材料補強，這些構件稱為開口補強材（opening reinforcement）、補強材（reinforcement）、補強間柱（reinforcement stud）等。

開口補強材和間柱一樣是折彎成C型的輕量棒。為了讓開口補強材具有比間柱更高的強度，所以用2.3mm厚的鐵板製成。間柱和座板的厚度通常是0.8mm。

間柱、座板→厚度0.8mm
開口補強材→厚度2.3mm

開口補強材是用L型金屬構件固定在地板、天花板樓板等處。水平架設在開口上框部分的補強材，用L型金屬構件固定於垂直補強材。

Q 輕鋼架牆基礎可以用木基礎替代嗎？

A 可以。

輕鋼架的間柱也可以用木間柱替代。木間柱有各種不同寬度，包括105mm（105mm×30mm）、90mm（90mm×45mm）、75mm（75mm×45mm）、60mm（60mm×45mm）、45mm（45mm×45mm）等。

木造住宅中的柱是105mm見方，多半搭配使用105mm寬的間柱。RC的大廈也使用105mm寬的間柱，不過其中也有用45mm寬的作法。即使是細間柱，也意外地相當堅固。當然，間柱愈粗愈好，但缺點是間柱太粗會讓房間顯得狹窄。

間柱的間隔是30cm、45cm大小。貼雙層板時，即使間隔45cm也沒問題。板的接合處必須抵至基礎之處。門等開口部，木基礎與輕鋼架基礎一樣，做成雙層間柱來補強。

間柱的上下用釘固定在水平構件上。上下的水平構材，上方的稱為**頂板**（top plate），下方的稱為**底板**（sole plate），多半做成與間柱相同材質。頂板和底板用釘或錨栓固定在混凝土上。

Q 輕鋼架天花板基礎的龍骨是什麼？

▼

A 固定天花板的板所用的棒狀構件。

覆面龍骨（cladding joist，又名次龍骨）和間柱一樣做成C型。為了具有強度，底邊加入凹凸摺縫。這個構件厚度0.5mm，略薄於間柱；大小是50mm×25mm、25mm×25mm，比間柱小很多。

龍骨是木造建築用語，指支撐天花板、作為基礎的棒狀構件。龍骨的日文稱為「野縁」，「野」這個字是粗製未加工、作為基礎、隱藏而裝在裡側的構件。日文的**野板**（粗鋸板〔sawn board〕）是裁切之後未刨平的粗製板、無法作為化妝材的板；日文的**野地板**（屋頂襯板〔sheathing roof board〕）則是貼在屋頂底面的板。

「縁」是指端部，也有細棒狀構件之意。日文的**押緣**（壓條）是壓住板用的細棒。

龍骨是指作為基礎、隱藏在裡側的棒狀構件之意，作為天花板內基礎的棒。貼近天花板裡側的棒，就是稱為覆面龍骨的棒材。輕鋼架的情況也一樣，提到龍骨，便是指固定天花板用的棒。覆面龍骨以30cm間隔大小排列。

板的接合處部分，使用寬度較寬的覆面龍骨，稱為**中龍骨**；在板的中間，使用寬度較窄的**小龍骨**。

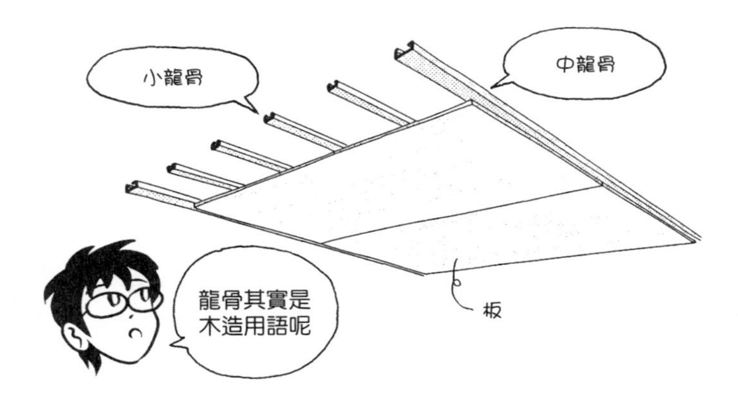

Q 輕鋼架天花板基礎的承載龍骨是什麼？

▼

A 從上方吊住覆面龍骨支撐用的棒狀構件。

承載龍骨（load-bearing joist，又名主龍骨）是支撐用，日文寫作「野縁受け」。這個構件做成25mm×12mm大小的U型斷面。為了承載數根覆面龍骨的重量，所以比覆面龍骨粗，以1.6mm的薄鐵板彎折製成。

覆面龍骨以30cm間隔大小排列，承載龍骨則以90cm間隔大小排列。

覆面龍骨→間隔30cm
承載龍骨→間隔90cm

採用木造時，龍骨多半組成45cm見方的格狀，這時上方的材料就是承載龍骨。不過也有覆面龍骨與承載龍骨併合為同一平面的作法，無法區別覆面龍骨與承載龍骨，這種情況下兩者都稱為龍骨。

輕鋼龍骨與木造龍骨的不同之處是，輕鋼龍骨的軌件構材本身不同。覆面龍骨是C型斷面，承載龍骨是U型斷面。

覆面龍骨用專用扣件鉤掛，然後扣件彎向承載龍骨吊掛固定。根據覆面龍骨的粗細，有小龍骨專用扣件和中龍骨專用扣件。

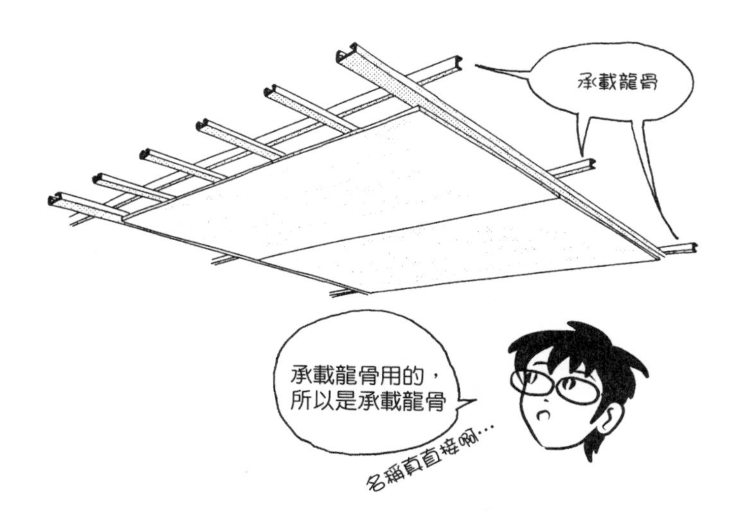

Q 如何吊掛輕鋼架天花板基礎的承載龍骨？

▼

A 使用懸吊螺栓（hanger bolt）和吊件（hanger）來吊掛。

用吊件吊掛承載龍骨，這個吊件再銜接懸吊螺栓，懸吊螺栓旋緊裝入埋置在天花板中的金屬嵌入件。金屬嵌入件＋懸吊螺栓＋吊件，吊起天花板。

金屬嵌入件在模板階段已預先埋入，再澆灌混凝土。金屬嵌入件刻有陰螺紋，9mm 螺徑的懸吊螺栓在金屬嵌入件上旋緊。懸吊螺栓兩端是陽螺紋，或者全部是陽螺紋。懸吊螺栓以 90cm 間隔大小裝置在天花板樓板中。

懸吊螺栓下端裝有吊件。吊件是用以吊掛（hang）或懸吊的東西之意，這裡是指吊掛承載龍骨的金屬構件。

承載龍骨與覆面龍骨以稱為扣件的金屬構件固定。由上而下的順序如下：

天花板樓板→金屬嵌入件→懸吊螺栓→吊件→承載龍骨→扣件→覆面龍骨→天花板的板

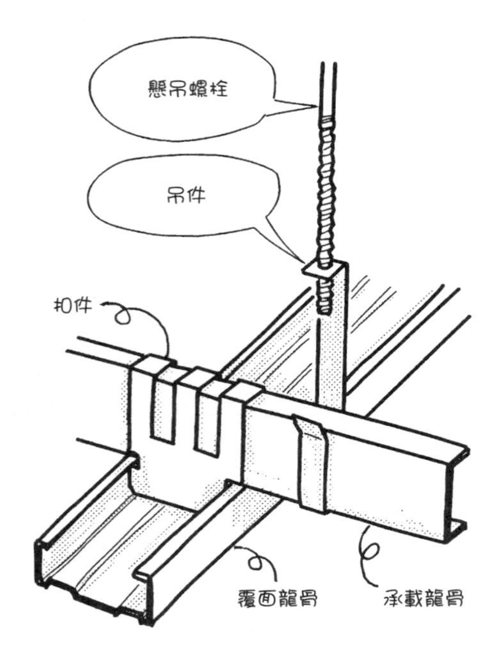

Q 石膏板是什麼？

▼

A 石膏凝固成板狀，兩側貼上紙的內裝用板。

石膏的英文是plaster，所以石膏板就是plasterboard（或gypsum board），也常用縮寫PB。石膏是白色粉末，與水混合就會凝固。相信大家都很熟悉素描用的石膏像等物品。

石膏板的優點是不易燃、重量重而不易傳導聲音、不受蟲蛀、不會腐朽、價格便宜等，所以常作為內裝用板。分戶共管式大廈和出租大廈的內裝牆，幾乎都用石膏板。

另一方面，石膏板怕水，容易缺損，不會作為外裝材。另一項缺點是，無法在石膏板上使用螺釘或釘子。如果想在石膏板上掛畫或掛鏡子，必須使用稱為板錨釘（board anchor）的樹脂或金屬構件。

此外，在廚房的牆等會碰到水的地方，可以用防潮石膏板（gypsum sheathing board）。sheathing是被覆之意，這是經過防水處理的石膏板，表面貼上具耐水性的紙。然而，防潮石膏板仍然不能用在會碰到大量的水的地方。

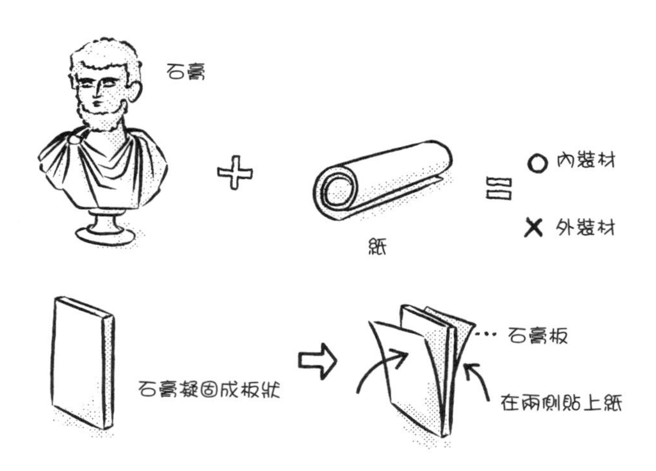

Q 石膏板的厚度是多少？

A 一般來說，牆用12.5mm石膏板，天花板用9.5mm石膏板。

牆會被東西或人撞到，所以用厚的板，通常是用12.5mm，其他也有用15mm。

用65mm的間柱和12.5mm的板做成牆，則12.5mm＋65mm＋12.5mm＝90mm，牆的厚度成為90mm（9cm）。

天花板不會被東西撞到，所以用9.5mm的薄板。

牆　　→12.5mm、15mm
天花板→9.5mm

希望建造具隔音性的牆時，貼兩層12.5mm的板。這時牆上的板不會只貼到天花板的修飾面，而會一直貼到天花板樓板。如果只貼到天花板面為止，穿過天花板內的聲音會傳導出來。為了讓聲音不易傳導，木造公寓的界牆通常貼雙層板。在這種情況下，板也不能只貼到天花板，而必須延伸至上方的結構體。

此外，為了提高耐火性能，有時也會貼雙層厚板。總之，層疊多層厚板的方式，可以提高牆的性能。

石膏板厚度12.5mm，可以簡寫成PB厚12.5等。

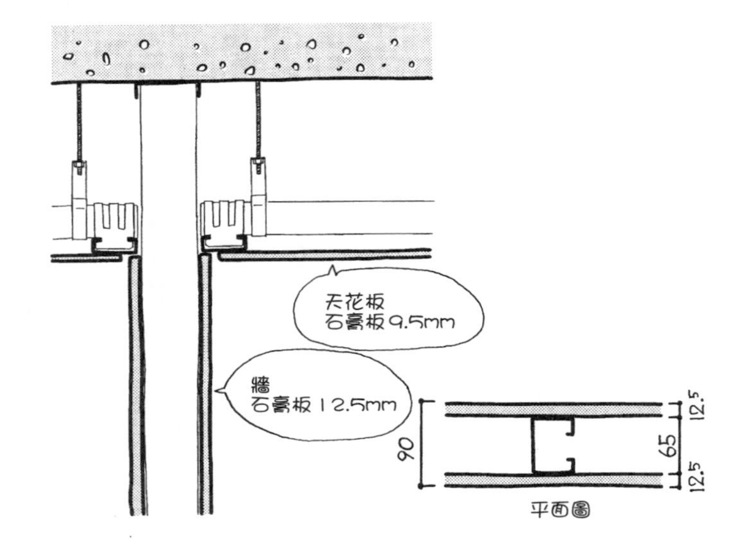

Q 如何處理石膏板之間的板縫？

A 用膠帶和油灰（putty）進行接縫處理（joint treatment）。

貼石膏板後，通常會在上面做環氧樹脂塗裝（EP 塗裝）或貼塑膠壁布。但如果對板縫置之不理，表面看起來會凹陷，板縫移動就會破裂。

因此，必須整平凹陷，進行讓板縫不會分離的作業。這就是接縫處理，也稱為**乾牆工法**（drywall technique），又稱**接縫工法**（joint technique）。

進行接縫處理時，使用專用膠帶和油灰。膠帶是用纖維縱橫強化的樹脂做成，防止板彼此分離。油灰是用水泥等材料做成，塗上後會凝固。

首先用油灰填滿凹陷，上面再用膠帶防止分離，然後上面再塗油灰，貼膠帶整平。另外，也有一開始先貼寬膠帶，上面再塗油灰處理的方法。

若是木造公寓等的廉價牆壁，有時不進行接縫處理，直接貼塑膠壁布，長期下來壁布會破裂或產生凹凸，還是先進行接縫處理再貼壁布為宜。

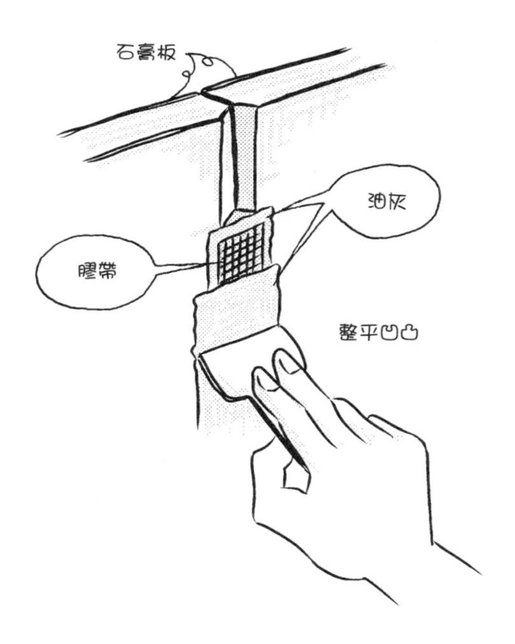

Q 化妝石膏板是什麼？

▼

A 石膏板的表面做出凹凸，貼上彩色片材或花紋片材的石膏板。

化妝石膏板（fancy gypsum board）直接貼在天花板或牆上，即告完工。由於價格便宜，多用於天花板等處。使用化妝石膏板，可以免去接縫處理、塗裝或貼壁布等的麻煩。

化妝石膏板是像吸音板（acoustic board）一樣有凹凸的板（日本吉野石膏的產品Gyptone等），只需用小螺釘固定在龍骨上即告完工。雖然外形類似吸音板，但凹洞淺，沒有預期的極佳吸音效果。

做出石灰華花紋狀凹洞的Gyptone，在910mm見方的板上，直縫相互交錯排列，用小螺釘固定在龍骨上。專用小螺釘的螺頭塗裝成白色，只從下方看不容易注意到，價格便宜，外觀普通，多用於辦公室或教室等的天花板。

木紋印刷的化妝石膏板，也會用在大廈的和室天花板等處。由於印刷品質精良，距天花板也有一段距離，不容易分辨真偽。

也有已經貼好塑膠壁布的石膏板。牆上貼這種石膏板還是會有板縫，所以使用上不像Gyptone那麼普遍。

Q 岩棉吸音板是什麼？

▼

A 以岩棉（rockwool）為主要原料的化妝材，具不燃性、吸音性、隔熱性。

日本纖維公司日東紡的Solaton、Mineraton等，是知名的岩棉吸音板（rockwool acoustic board）產品。標準的岩棉吸音板表面是蟲蛀狀，其他還有銷售形形色色凹凸的產品。

岩棉吸音板表面柔軟且有凹凸，成為極佳的吸音材。因為岩棉吸音板軟，可以作為天花板材使用，厚度有12mm、15mm等。

把石膏板釘上龍骨後，把岩棉吸音板接著到石膏板上。如果沒有打底，直接用螺釘把岩棉吸音板釘到龍骨上，岩棉吸音板會因為太軟而損壞。

大型的辦公室、餐廳、講堂等，容易產生回音，常在天花板上貼岩棉吸音板。岩棉不同於石棉（asbestos），不會致癌。

岩棉→rockwool→可以使用
石棉→asbestos →不可使用

Q 多孔石膏板是什麼？

▼

A 作為粉刷飾面（plaster finish）等泥水工程的基材使用，多洞的石膏板。

lath是作為粉刷牆的基材的細長板（板條）。釘上多根板條，在上面掛上網狀物，然後粉刷牆。lath board是替代板條的板之意。

泥水匠的日文寫作「左官」，語源相當古老，必須追溯到中世紀。今日泥水工程是指砂漿粉刷、灰泥粉飾（stucco）等粉刷牆工程整體。

灰泥粉飾是在石灰中加入麻的纖維、加入水等，粉刷出白色牆壁，用於和室或倉庫等。

多孔石膏板（gypsum lath board）用於室內的泥水工程，作為室外用時也有耐水性強的產品。

多孔石膏板的孔並未貫穿板，只開到一半。孔的數量多，所以能卡住灰泥，讓灰泥不致掉落。

Q 水泥板有哪些？

▼

A 有矽酸鈣板（calcium silicate board）、柔性板（flexible board）、石棉水泥平板（plane asbestos cement slate）、木絲水泥板（cemented excelsior board）等。

如果只以水泥製板，黏性不夠，很快就會破裂缺損。因此，加入各種纖維，使水泥板不易破裂，增加黏性。過去曾使用石棉來做水泥板，但會致癌，所以改用其他纖維替代。

水泥板當中最常使用的是**矽酸鈣板**。矽酸鈣的分子式是$CaSiO_3$，是矽（Si）的化合物，然後再混合纖維和水泥（石灰質原料）等做成矽酸鈣板。這種板的耐熱性和耐水性佳，用於廚房、浴室的牆、天花板、室外屋簷天花板等。由於具耐火性，也可作為耐火被覆、防火結構的牆等。

矽酸鈣板上可以做塗裝，也可以在上面貼壁布。塗裝時必須做底塗隔離層，填滿板上的紋理。市售也有已經美化的矽酸鈣板。

如字面所述，**柔性板**是把又硬又容易破裂的水泥板柔軟化的板。以前是使用石棉，現在則用其他纖維。

石棉水泥平板是便宜的水泥板。矽酸鈣板、柔性板都可以用釘子固定，石棉水泥平板用釘子會破裂，所以用螺釘固定。

木絲水泥板是將細毛般的碎片狀木材，用水泥凝固製成。這種水泥板主要用作基材，停車場天花板也有貼用。

Q 自攻螺釘是什麼？

▼

A 尖端有做成陰螺紋的切刃，軸整體都有螺紋溝的螺釘，廣泛用於固定板等物件。

tap dance（踢踏舞）的tap，有咯噔咯噔敲打之意。自攻螺釘（self-tapping screw）就是咯噔咯噔敲打旋緊的螺釘，通常使用衝擊起子（impact driver，不僅是旋轉，還咯噔咯噔振動）釘入螺釘。

以衝擊起子固定板時就是用自攻螺釘。自攻螺釘尖端通常有切刃（也有無切刃的產品），一邊旋轉一邊鑽入。由於整體都有螺紋溝，可以牢牢固定到最底部。

木螺釘只有尖端刻螺紋，螺根的部分沒有螺紋溝。木頭較硬，僅尖端有螺紋已足夠，但石膏板等柔軟的材料，如果不是到螺根都有螺紋溝，可能無法鑽入到最底部。

螺釘的螺頭大致可分為沉頭（flat head）和盤頭（pan head）。根據螺頭的形狀，也稱為沉頭螺釘（flat head screw）和盤頭螺釘（pan head screw）。固定板的時候用螺頭沒入呈平坦狀的沉頭螺釘，完工時不會看見螺頭。若使用盤頭螺釘，螺頭突出，會造成塗裝和貼壁布的困擾。組立輕鋼架、組立木基礎時，經常使用自攻螺釘＋衝擊起子。

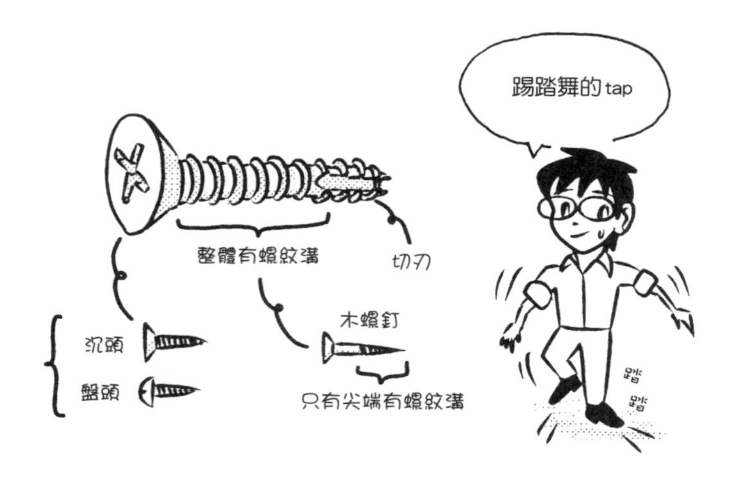

Q 為什麼要裝踢腳板？

▼

A 踢腳板是裝在牆的下部的細長棒狀構件，用以讓牆與地板的收飾美觀，並讓髒污不顯眼。

在牆的位置把板裁切掉時，有時無法裁成齊整的直線。此外，地板凹凸不平時，板與地板之間會產生不規則的縫隙。無論是貼壁布或塗裝，都很難在與地板交接處漂亮收邊。

如此一來，牆與地板的邊界無法呈直線，彎彎曲曲。因此，在牆與地板交接部分裝上踢腳板。利用如直尺的直線構件壓住，看起來就齊整美觀。

無論是貼壁布或塗裝工程，也能剛好結束在踢腳板上，看起來收飾漂亮。踢腳板有劃定修飾終止處的劃線板的作用。

牆的下部會被腳或家具撞到、被掃除用具碰撞，這個部分容易堆積灰塵、容易損壞、容易髒污。為了解決這項缺點，釘上深色踢腳板補強。

如果採用和牆一樣的白色修飾，髒污會很明顯。踢腳板多為深色，就是為了讓髒污不顯眼。

踢腳板有木製，也有樹脂製。樹脂製軟質踢腳板現成品便宜，用切刀就很容易切割，施工輕鬆。想降低成本時，經常使用軟質踢腳板。

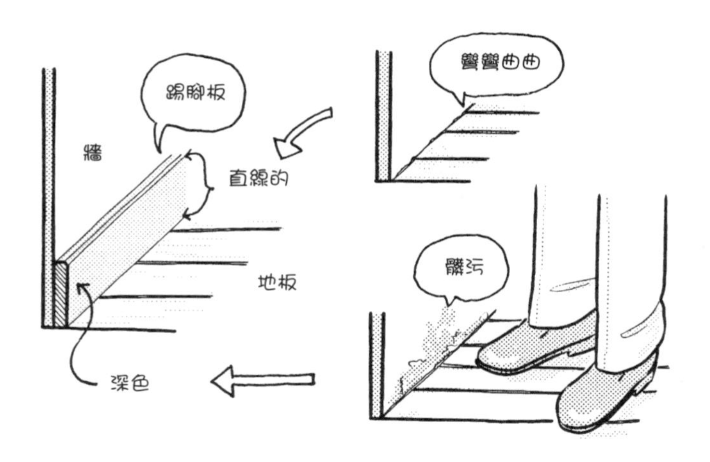

Q 為什麼要裝疊寄？

▼

A 疊寄（日文原文為「疊寄せ」）是裝在和室地板端部的細長棒，用以填滿牆與榻榻米（疊）之間的縫隙。

在和室中，經常有柱露出於牆表面的情況，稱為**真壁造**（stud wall framing finished in the center）。順帶一提，隱藏柱的作法稱為**大壁造**（stud wall framing finished on both sides）。

真壁造→露柱式
大壁造→隱柱式

採用真壁造時，由於柱露出於牆，榻榻米與牆之間產生縫隙。為了填滿縫隙，必須放入細棒。這個細棒就是疊寄。

疊寄也可作為劃定牆的修飾終止處的劃線板，也就是讓收飾美觀，具有與踢腳板同樣的作用。

和室通常是裝疊寄，但偶有裝踢腳板，避免牆損傷。

露出於外的柱與牆面的距離，也就是柱突出部分的尺寸，稱為**錯位**。一般來說，錯位是指平行的兩個平面之間的距離的建築用語。柱突出於牆的部分、踢腳板突出於牆的部分、框突出於牆的部分等，都稱為錯位。

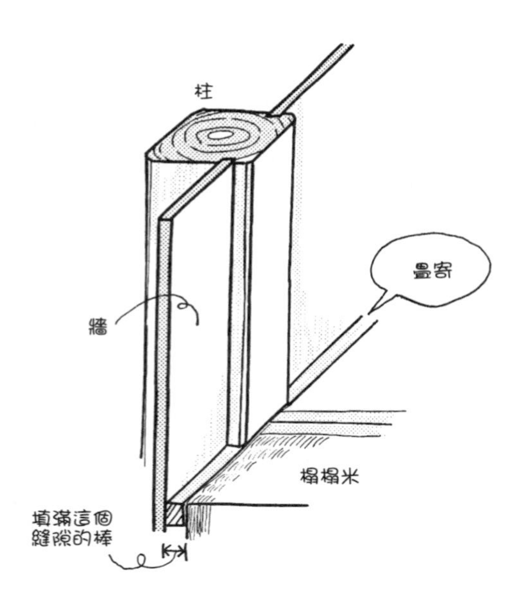

Q 為什麼要裝線板？

▼

A 用以讓天花板與牆之間的縫隙收飾齊整筆直。

線板（cornice）是裝在牆與天花板相交處的細棒。

線板是環繞天花板邊緣安裝的材料，所以日文寫作「回り縁」。「縁」一字也用於「縁側」（走廊），側其實就是地板的端部。日文的「縁」是指端部的用語。

線板產品包括2cm見方的小棒，乃至做出凹弧飾（cavetto，切割成曲線狀）的現成品，形形色色。材料也有木材、鋁、樹脂等，有各式各樣的產品。

如果固定天花板材和壁材時，是切掉小部分之後固定，端部看起來會彎彎曲曲、參差不齊。只要在上方裝上線板，外觀就會齊整。實際上，線板和踢腳板一樣有劃定材料的劃線板作用。

橫向放入材料端部的材料，稱為**收邊材**（closeout material）或**收邊**、**收邊條**。在收邊材處劃切材料，看起來就會齊整。線板是收邊材的一種。

在木造公寓之類廉價的住宅，有時牆和天花板會貼同樣的壁布。這時可能不裝線板，直接貼壁布。此外，如果希望設計上看起來端部簡潔，有時刻意不用線板。

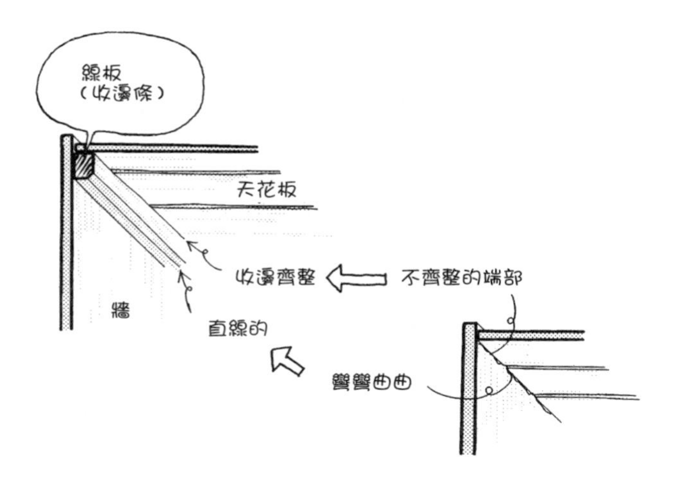

Q 固定化妝石膏板、岩棉吸音板等天花板材端部的線板（收邊條）現成品是什麼形狀？

▼

A 如下圖，匚型上邊為長斷面的構件。

做成匚型是為了插入板。線板是用小螺釘固定在龍骨上。匚型的上邊做得較長，容易固定小螺釘。如果匚型的三邊一樣長，就無法從下方釘入小螺釘。

工程順序是，先從天花板吊起輕鋼架基礎組立。接著，在端部安裝線板，從下方釘入小螺釘固定於龍骨。然後，把板插入線板中，從下方用小螺釘或用接著劑固定於龍骨或基礎板。

輕鋼架基礎組立→線板固定於龍骨→板固定於龍骨等處

收飾板的端部的線板有樹脂製、鋁製等，比木製線板小，感覺收飾更簡潔。即使板的端部切割有點粗糙，因為插入線板中隱藏切斷面，外觀還是很漂亮。

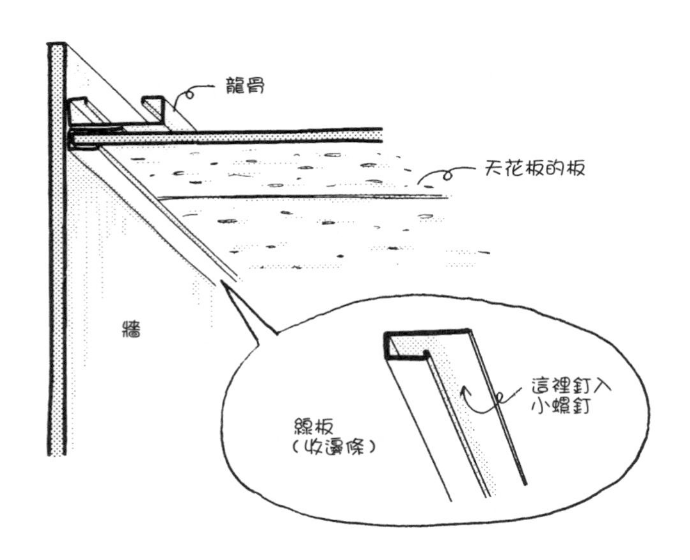

Q 大廈的地板為什麼要做在高於RC軀體的位置？

A 為了在地板下容納污水管。

地板約抬高150～200mm。污水管橫向鋪設至管道間，在那裡連接立管（riser）。在這種情況下，必須考慮橫向鋪設至管道間的坡度，所以需要某種程度的高度。

為什麼要在RC軀體（樓板）上方鋪設污水管呢？因為發生漏水等故障時，只需要因應該住宅單位的問題即可。掀開地板，就能開始工程作業，只需要在發生故障的住宅單位施工即可。如果在RC軀體下方鋪設污水管，就得鑿開下方住宅單位的天花板。

在排水中，洗臉、廚房、洗澡等的雜排水，可以使用50φ（直徑50mm）大小的小管徑。排放雜排水無需坡度，也沒有污物，小管徑即可。另一方面，排放污水時，必須做出坡度橫向鋪設75φ（直徑75mm）大小的管。

供水、熱水供水有水壓，供水管、熱水管也可以通過天花板。此外，雖然瓦斯管、電線等也能通過天花板，但只有排水務必得從地板下方通過。如果不抬高地板，就必須抬高污水管通過的廁所和周圍的地板。如此一來，廁所的入口會形成150～200mm的高低差。

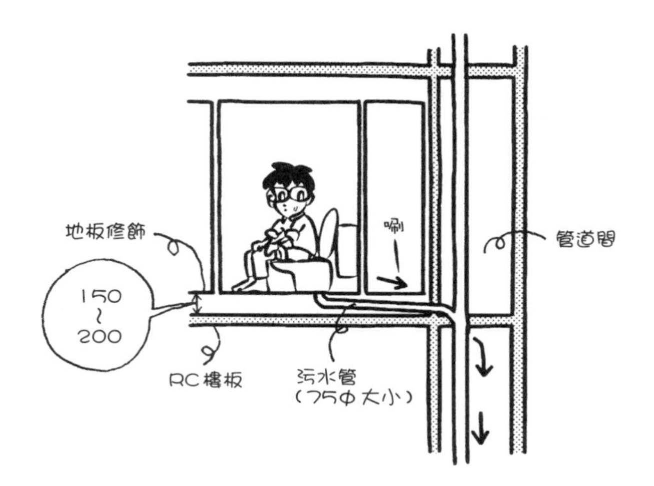

Q 如何抬高大廈的木造地板？

▼

A 如下圖，組合地板格柵和地檻來抬高地板。

45mm見方的地板格柵，以30cm間隔大小排列。這些地板格柵由90mm見方的地檻支撐。地檻以90cm間隔大小排列。要領與木造房屋的一樓地板系統相同。間隔以@記號表示。

地板格柵：45×45＠300
地檻　　：90×90＠900

地檻是用螺栓錨定在混凝土地板上。螺栓必須一開始就預先埋置，或是之後鑽孔裝置膨脹錨栓等。

調整地檻的高度時，必須塞入木片。這種木片稱為**楔形木**（wedge）。也可以把砂漿堆成丸子狀來調整高度。廁所的地板等處要避開配水管等，所以加入地板格柵和地檻。

在地板格柵的上方，有時直接貼修飾的地板材等，或者先貼厚度12mm或15mm的墊板（backing board），再貼修飾材。

如此一來，抬高的地板下不僅能放入配管和配線，地板也有適度的柔軟度，腳踩起來更舒服。

Q 活動地板工法是什麼？

▼

A 放置用金屬構件墊高的現成品套組來抬高地板的工法。

活動地板工法（free access floor method）是「放置」現成品套組在地板（「床」）上的工法，所以日文稱為「置き床工法」。相較於用地板格柵抬高地板，活動地板工法只需排列小型現成品，如果地板面積大很省力。這種地板也稱為**系統地板**（system floor）、**套裝地板**（unit floor）等。

現成品套組有各種大小的產品，40～90cm見方。可以利用螺栓墊高來略微調整高度，螺栓與樓板接觸的腳墊部分常可見附有橡膠。這是為了讓地板的振動不容易傳導到下方樓層。

活動地板的板多是厚度20mm的粒片板（particle board）等，粒片板上再貼地板材等修飾材。粒片板是小木片與接著劑混合熱壓成型的板，經常作為建築或家具的基材。

每片板各用四個螺栓安裝，也有如下圖共用螺栓的方式。

現成品中也有一開始先用套組鋪滿地板整體，然後才進行隔間牆施工的工法，稱為**地板先行工法**（floor preceding method）。這是在大廈的住宅單位內部，先製作整體的地板基底，之後再立牆的作法。雖然工程簡單，但房間之間的聲音會隨著地板下方傳導，所以相較於牆先行工法，地板先行工法隔音效果較差。再者，隔間牆的強度也可能變弱。

Q 浮動地板工法是什麼？

▼

A 為了提高隔音性，在緩衝材（buffer material）上澆置混凝土後，再進行修飾的工法。

小孩咚咚跳動的聲響是重衝擊音，只更換地板材，對降低音量效果不大。另外，鋼琴的琴音是強烈的空氣振動，不容易遮斷。這種情況的隔音對策就是浮動地板工法（floating floor method）。

首先，在RC樓板上放置緩衝材。代表性的素材是高密度玻璃棉。不同於隔熱用的玻璃棉，緩衝材的玻璃棉做成硬板，以便荷重而不致凹陷。在緩衝材上，鋪上聚乙烯片等不透水的片材，再澆置混凝土。如果沒有鋪任何東西就澆置混凝土，水分會透向緩衝材，混凝土無法凝固。

鋪上聚乙烯片後，使用間隔物等從片材墊高，放置熔接鋼筋網。熔接鋼筋網是用直徑3mm的鋼筋組合為150mm見方而成。這是防止混凝土破裂的裝置，但並沒有結構上的作用。

澆置混凝土之後，上面鋪上修飾材。

RC樓板厚度做成約40cm，再採用浮動地板工法，可以顯著減少上下樓層的聲音問題。隔音性能排序如下：

浮動地板工法＞活動地板工法＞木骨架（地板格柵＋地檻）

Q 住宅類的地板修飾材有那些？

▼

A 有木地板、軟墊地板（cushion floor）、榻榻米等。

木地板、軟墊地板、榻榻米，可說是大廈或住宅等的三大地板修飾材。

木地板的原料是天然木材，一片一片槽榫連接成為地板。從槽榫的部分釘入墊板，再用接著劑黏貼固定。

一般的木地板材是寬90cm或45cm、長180cm的合板，只有在表面貼上木地板的板。表面的修飾薄板也稱為**平切單板**（sliced veneer），根據價格而板的厚度有別。平切單板上刻有溝狀，一片一片恰如槽榫連接起來的模樣。

木地板材厚度12mm、15mm，墊板厚度相同。為了降低成本，有時不貼墊板，直接釘在地板格柵上。

軟墊地板的使用率次於木地板，又稱**CF板**。這種地板厚度有1.8mm、2.3mm、3.5mm等，表面是印花的樹脂製片材，底面是附有毛氈狀的軟墊。軟墊地板耐水性強且不易刮傷，所以常用於盥洗更衣室、廁所、廚房的地板。這種地板很大的缺點是，會留下家具足部等造成的凹陷。

傳統的榻榻米，蓆面（畳表）是藺草，蓆底（畳床）是稻草，厚度是55mm、60mm。近來有許多聚苯乙烯泡沫塑料的蓆底產品，厚度是15mm、30mm等，比傳統榻榻米薄。榻榻米防蟲，不會吸收濕氣，還有隔熱效果，表面就像榻榻米本身一樣有許多用途。

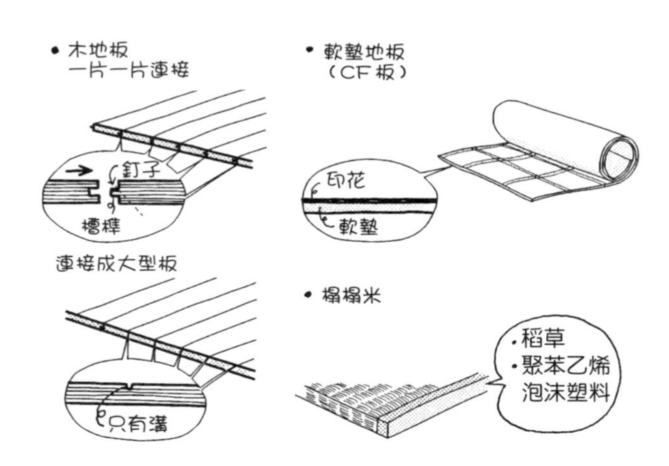

Q 聚氯乙烯卷材是什麼？

A 成卷銷售、厚度2mm的聚氯乙烯製片材，多用於學校、醫院、工廠等的地板修飾。

聚氯乙烯卷材（rolled PVC sheet）是以織布層疊做成厚度2mm，表面光滑，印有顏色和花紋的片材。

聚氯乙烯卷材的日文寫作「長尺塩化ビニールシート」，其中「長尺」是指長的尺、長的尺寸，以卷狀銷售運輸。這種卷材的寬度是1820mm（1間）〔譯註：日本的計量單位，1間＝6尺〕，一卷有20m或9m等。

聚氯乙烯卷材厚度薄約2mm，缺乏緩衝，卻不會因為家具或人的重量而凹陷，耐久性、耐磨損性、耐水性佳。希望以便宜的價格美化修飾學校、醫院、辦公室、工廠等大面積的地板時，聚氯乙烯卷材是好用的材料。

聚氯乙烯卷材還有廚房防滑用，以及強化耐藥品性的研究室用產品。

用在RC地板時，如果直接貼上聚氯乙烯卷材，地板會凹凸不平，所以先用砂漿整平。接著，再用專用接著劑把聚氯乙烯卷材貼在上面。從RC地板樓板面到聚氯乙烯卷材修飾面，約30mm。有時省略砂漿整平的步驟，在澆置混凝土時用金屬鏝刀整平地板面，即進行「混凝土一次修飾」。

有時將住宅用的軟墊地板稱為聚氯乙烯片材，但聚氯乙烯卷材用在住宅的地板會顯得太硬。

大廈的公共走廊或公共樓梯有時也會貼聚氯乙烯卷材。這時為了不讓腳步聲擴散，會在背面黏貼軟墊。

Q 方塊地毯是什麼？

▼

A 50cm見方或40cm見方的磁磚狀地毯。

方塊地毯（carpet tile）厚度約6mm，多用於辦公室或店舖，住宅也會使用。因為呈磁磚狀，只需鋪滿即完成地板的修飾。這種地毯不需接著。方塊地毯和聚氯乙烯卷材的作法一樣，先在RC樓板上用砂漿整平，再放置在上面即可。

如果弄髒了方塊地毯，只需更換髒污的部分。出入口附近等人來人往的地方，很快就會弄髒。如果地板整體是鋪一張長地毯，就必須換掉整張地毯，而方塊地毯只需替換髒污、損壞的部分，節省成本、勞力和時間。如果用在住宅，方塊地毯還能DIY。

方塊地毯毛的部分稱為絨毛（pile），形成輪狀的圈毛（loop pile）是絨毛中強度最高的。方塊地毯有圈毛高3mm、厚度6mm的產品等。

因為絨毛軟，方塊地毯的厚度（高度）有上下0.5mm的誤差。如果是6mm的產品，厚度就會是5.5～6.5mm，這些誤差必須納入施工計算。

由於方塊地毯分割成磁磚狀，任何地方都能撕起，適合作為活動地板（OA地板〔OA floor〕）的地板材。

藝術叢書 FI1017

圖解RC造建築入門

一次精通鋼筋混凝土造建築的基本知識、設計、施工和應用

作　　者　原口秀昭
譯　　者　蔡青雯
副總編輯　劉麗真
主　　編　陳逸瑛、顧立平
美術設計　陳瑀聲

發 行 人　凃玉雲
出　　版　臉譜出版
城邦文化事業股份有限公司
台北市中山區民生東路二段141號5樓
電話：886-2-25007696 傳真：886-2-25001952
發　　行　英屬蓋曼群島商家庭傳媒股份有限公司城邦分公司
台北市中山區民生東路二段141號11樓
客服服務專線：886-2-25007718；25007719
24小時傳真專線：886-2-25001990；25001991
服務時間：週一至週五上午09:30-12:00；下午13:30-17:00
劃撥帳號：19863813 戶名：書虫股份有限公司
讀者服務信箱：service@readingclub.com.tw
香港發行所　城邦（香港）出版集團有限公司
香港灣仔駱克道193號東超商業中心1樓
電話：852-25086231　傳真： 852-25789337
E-mail : hkcite@biznetvigator.com
馬新發行所　城邦（馬新）出版集團 Cité (M) Sdn Bhd
41, Jalan Radin Anum, Bandar Baru Sri Petaling, 57000 Kuala Lumpur, Malaysia
電話：603-90578822　傳真：603-90576622
E-mail: cite@cite.com.my

初版一刷　2011年12月29日
初版八刷　2013年10月1日

城邦讀書花園
www.cite.com.tw

ISBN 978-986-235-152-9

定價：320元

國家圖書館出版品預行編目資料

圖解RC造建築入門：一次精通鋼筋混凝土造建築的基本知識、設計、施工和應用／原口秀昭著；蔡青雯譯.--初版.--臺北市：臉譜, 城邦文化出版：家庭傳媒城邦分公司發行, 2011.12
面； 公分. --（藝術叢書；FI1017）
譯自：ゼロからはじめる 「RC造建築」入門

ISBN 978-986-235-152-9（平裝）

1.鋼筋混凝土 2.結構工程 3.房屋建築 4.問題集

441.557022 100025877